SABA's KITCHEN
萨巴厨房

西餐 轻松做

萨巴蒂娜　主编

U0336095

中国轻工业出版社

目 录

计量单位对照表

1 茶匙固体材料 = 5 克　　1 茶匙液体材料 = 5 毫升
1 汤匙固体材料 = 15 克　　1 汤匙液体材料 = 15 毫升

第一章
前菜篇

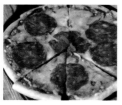

第四章
甜品篇

我爱吃的那些西餐

　　我爱吃五成熟的牛排，切开带血丝，咀嚼上一大口，满口肉香，顿时感觉浑身都是力气。最好的牛排烹饪起来反而简单，我只用盐、黑胡椒和一点黄油。

　　我还爱吃滚烫的香浓无比的奶油蘑菇浓汤，再给我切一片刚烤好的法棍，喝汤的10分钟时间里，我可以忘记外部世界所有的爱恨情仇。

　　说到法棍，对于我这个热爱面食的北方人，它竟然是我心中的第一面食，已经屹立不倒数十年矣。法棍怎么吃我都喜欢，哪怕只用一小碟绿油油的橄榄油蘸着吃，也可以让我满足。

　　在德国慕尼黑的街头，一个高大的男子，给我买过一客小白肠。煮的，配很浓的番茄酱汁来吃。那是一个有点风的下午，阳光很足。我不觉得那白肠很好吃，但是我怀念那个卖煮白肠的小店，还有那个把酱汁也用面包蘸着吃光的人。

　　我吃过的最好吃的三明治，是在美国西北部的一个乡下地方。冷的，鸡肉和牛肉的都好吃，我一口气吃了两个。忘记了当时一起吃饭的人，只是特别怀念那个三明治的味道，不知道此生还能不能再去吃一次。

　　而我吃过的最好吃的白酱意面，是在悉尼街头的小店。店老板是个颇有风情的女子，她称呼我为 Darling，并且给我推荐了她认为味道最好的意面。这段经历貌似我写过很多遍了，可还是忍不住再写一遍，因为太好吃了。

　　在国内吃过的最好吃的比萨，是在上海的 FA Café 学院餐厅，在那里我第一次遇到了生活在南方的北方女子 Karen，希望如今的她一切都好。那个店也做很不错的意大利菜，其中有一种奶酪菠菜比萨，一点肉都没有，我有幸吃过一次，但是不在菜单上。

　　还有，从前有一个女孩子给我做过一次肉酱意面，除了撒了大量的奶酪粉，还开了一罐中国的酸豇豆以去腻，吃三天胖五斤。我也经常将意大利面条煮熟之后，一半用松子罗勒青酱，一半用老北京炸酱混搭着吃。面条筋道得很，试试就知道我所言不虚。

　　西餐这东西，可以烛光摇曳、万种风情地在五星级酒店里吃，也可以在市井小巷，拖鞋短裤坐在板凳上用筷子吃，我认为没有什么不同。这本书，就教你如何在家中轻松烹制西餐，让你在自家的厨房里也能吃到地道美味的西餐。

萨巴蒂娜
个人公众订阅号

萨巴小传：本名高欣茹。萨巴蒂娜是当时出道写美食书时用的笔名。曾主编过五十多本畅销美食图书，出版过小说《厨子的故事》，美食散文集《美味关系》。现任"萨巴厨房"主编。

敬请关注萨巴新浪微博　www.weibo.com/sabadina

主菜常用食材

牛肉

本书菜谱中用到牛肉，食用方法主要分成两大类，炖煮吃和烤着吃。用来炖煮的牛肉又分片状的和块状的。片状的除了肥牛片，还有一种原切牛肉片，比较厚实整齐，口感较好。块状牛肉用来炖煮，选择牛腩或牛腿肉更好。牛腩肥瘦相间，炖好不易发干发柴。牛腿肉，特别是牛腱子，肉筋就镶嵌在瘦肉中，怎么做都不会难吃。

烤着吃的牛肉，西餐中最常见的就是牛排。牛排分类主要有菲力牛排、西冷牛排、肉眼（沙朗）牛排和T骨牛排，分别取自牛身上不同的部位，因为肉质不同，适口的熟度也不同。

≈ 菲力牛排

小块腰内里脊肉，是牛脊上最嫩的部分，肌肉纤维细，几乎没有肥肉，煎到三成熟就好。

≈ 西冷牛排

在上腰部位，属于牛外脊肉，只在顶部有一条肥肉，口感韧度较强。推荐三成或五成熟，熟得太透会感觉咬不烂。

≈ 肉眼牛排

在肋骨附近的肉，最容易分辨的就是中心有一条肥肉，大理石纹路比较多，分布均匀。煎到五成熟以下口感会更好。

≈ T骨牛排

取自牛背脊骨，T形的骨头一侧是沙朗，一侧是菲力，不确定更想吃哪种的时候可以选这个，同一片肉上能吃到两种口感。

猪肉

西餐中猪肉的使用不像牛肉那么频繁，比较常见的就是猪肉排（猪扒）、猪肋排、肉丸，还有德国人喜欢的猪肘。

煎烤着吃的猪肉排一般都是已经分割好的，选择肉质软嫩、瘦肉较多的就好。如果是做日式的炸猪排，则最好买整块的后臀尖，去皮后根据需要自己分割。

烤猪肋排因为都比较大片，一块上有好几根骨头，为了成品美观，也为了操作方便，最好让店家分割，将骨头整齐砍断。制作肉丸或是馅料的时候，最好不要选择纯瘦肉，选择五花肉或者梅花肉这种肥瘦相间的部位，打碎成比较细腻的肉末，做出的肉丸才能口感细腻，不干不柴。

羊肉

高大上的羊肉料理首选部位是羊排。这里说的羊排不是指有筋有肉的羊肋排，而是西餐厅里经常会见到的西式羊排，一根细细的骨头一端有一大块肉，看起来有些像琵琶腿。这种羊排肉质软嫩，肥瘦相间，肉筋较少。西式羊排在进口超市比较容易找到，或者直接从电商处购买。

鸡、鸭

本书菜谱中用到的禽类是鸡和鸭，这两种都是常见的食材。
鸡，除了用来烤制的整鸡之外，最常用到的是鸡翅、鸡胸和鸡腿。鸡翅不必多谈，有人喜欢全翅，有人单爱翅中。鸡胸肉的优势是高蛋白低脂肪，无骨无皮，使用方便，但是处理不好肉质很干。鸡腿肉最滑嫩，不管是整体烹调还是剔骨取肉，口感上都远远超过鸡胸。另外，如果烤整鸡，要选择肉鸡，柴鸡不易熟，需要的烘烤时间更长，烤熟了也会咬不烂。
鸭肉有独特的香味，但也有人认为是腥味。想要去掉这种味道，用酒和香料一起烹调效果不错。鸭皮脂肪较厚，不管是鸭胸还是鸭腿，为了健康和口感，在正式烹调之前最好通过干煎的方式将鸭皮中多余的油脂去除一些。

鱼类、海鲜类

鱼类或海鲜，贵在一个鲜，越新鲜味道越好，这是不争的事实。在条件允许的前提下，每一种都选择冰鲜或者鲜活的食材最好不过。但是在制作焗海鲜或是海鲜饭这样的菜品时，同时需要用到好几种材料，每种的用量都比较少。这时如果买一只鲜鱿鱼，买一斤鲜虾，通常一次用不完。这种时候超市里的散装速冻食材其实更符合需要。制作温暖的家庭料理，不要给冰箱造成负担也是需要考虑的因素。

｜香草、香料｜

西餐香料跟中餐香料有很大差异，同样的食材，调料换了，风味就会完全改变。新鲜的香草不太容易购买，而且价格昂贵。所以在本书菜谱中，为了方便普通家庭操作，我们选用的都是干燥的香草碎。虽然颜色和味道有一些差别，但是在制作家庭料理、少量使用的前提下，易于购买和保存可以作为首要条件。如果真的需要用新鲜香草，买来种子自己种是个不错的选择。

罗勒

罗勒号称"香草之王"，和番茄的味道非常相配，所以使用面非常广泛。用新鲜罗勒、松子、大蒜和橄榄油混合而成的罗勒酱，就是著名的青酱。罗勒味道清新，有点像丁香，意大利菜中使用的是甜罗勒，芳香味最佳，台湾菜中的九层塔也是罗勒的一种，味道比较冲一点。

迷迭香

迷迭香有特殊的带松木香的清甜味，甜中带微苦。在西餐里，常用在牛排、土豆等菜品中。迷迭香的个性强，那股独特浓烈的香气跟肉类搭配最完美。烤鸡肉、羊排，甚至烤土豆，没有迷迭香吃起来全不是那个味道。正因为迷迭香的香气浓重，在使用的时候一定要斟酌着来，下手别太狠，不要让香料盖过食材本身的味道。

百里香

百里香在烹调鱼类及肉类时可以去腥增鲜，即使长时间烹调也不失香味，因此非常适合用在炖煮或烘烤上。它在意大利菜中用得也最多，不容易抢夺其他食材的味道，反而能很好地提升口感，是优秀的助攻选手。

欧芹

欧芹气味清香，叶形漂亮，可以生吃，新鲜的叶子常用来做西餐沙拉配菜和最后的装饰。新鲜欧芹如果长时间加热，会破坏其香味。如果将它切碎脱水处理，香味会更加浓郁，适合用在意大利面、汤、奶油、鱼、肉、烤鸡和土豆等料理中。

莳萝

莳萝曾经也叫"洋茴香"，在俄罗斯、中东和印度菜式中格外受欢迎，它的香气近似于欧芹，但比欧芹更强烈，有一些清凉味，辛香甘甜。莳萝叶有"鱼之香草"的美誉，撒在鱼肉类食物上可以去腥，另外还可以切碎放入汤和沙拉中，提升风味。

牛至

因为在意大利比萨中常用到牛至调味，所以在厨房里，它更广为人知的名字是比萨草。牛至有比较刺激的香味，通常使用干燥牛至碎，和番茄、奶酪的味道很相配。

意大利混合香草

通常是用干燥的牛至叶、罗勒、迷迭香和百里香按照一定的比例调配在一起，不管是烤肉、做比萨还是意面，都可以放一点，因为香料种类多，而且已经搭配好，很适合厨房新手。如果家里只想买一种香料，并且对于味道没有过多的追求，这种混合香草一定会满足你的需要。

肉桂粉

肉桂跟中餐卤菜中常用的桂皮味道相似，但并不是同一种调料。肉桂的味道更甘甜、味浓，桂皮味淡。肉桂适合用于做咖啡、蛋糕，除了做西餐调料，在甜点里面加上肉桂粉，香气浓郁，回味悠长。

豆蔻粉

豆蔻粉和肉桂粉一样，会出现在咖啡馆的自助调料台上，显而易见，它可以用来调配咖啡。除此之外，还可以用来制作面包、糕点，瑞典人喜欢把它用在牛肉饼中，而印度人除了喜欢"嚼它"，还把它用来制作印度咖喱。

大蒜粉、洋葱粉

大蒜粉和洋葱粉更多用在腌料或是煎炸食品的面衣上。大蒜粉的用途更广一些，不管是做意面还是比萨，加上一茶匙大蒜粉，风味都会大大提升。

黑胡椒粉、黑胡椒碎

黑胡椒粉应该是西餐中最常见的调料了，用途广泛程度不亚于中餐中的白胡椒粉。胡椒类的调料都是现磨的香味最浓郁，相比较于黑胡椒粉，黑胡椒碎味道更浓，颗粒比较大，上桌前撒在食物表面还可以作为装饰。

| 调料汁、酱料 |

味醂

味醂是一种日本料理酒，味道像加糖煮过的米酒，能够去除肉类的腥味，用法与中国的料酒类似。日料口味偏甜，其中就有味醂的功劳，味醂的甜味是砂糖所不能替代的。如果买不到味醂，可以用米酒加一点红糖调配，来贴近那个味道。

味噌

味噌跟韩国的大酱、中国的黄豆酱一样，都是以黄豆为主料发酵而成的，是日本调料中非常具有代表性的成员，不仅可以做味噌汤，在火锅、腌菜、炖菜和拉面汤底中也经常被使用到。味噌不耐煮，通常在烹调的最后环节才加入，过早受热会让味噌失去香味。

韩式大酱

在韩国的饮食文化中，酱的底味至关重要。大酱应该算是韩国的国民酱料了，也是大酱汤的主要调味料，在以大酱为基底的汤中加上不同食材，就能变幻出不同风格的酱汤。

韩式辣酱

韩国辣酱作为各式料理的基底，不管是煮、炒还是蘸，处处都能用到，在韩餐中可谓是无处不在。韩国辣酱有不同辣度，一般在外包装上都有标明。如果是不太爱吃辣或是单纯买回来拌饭，可以选择韩国甜辣酱，辣味不重，口味偏甜。

黄芥末酱、法式芥末酱

这里说的黄芥末酱指的是进口的那种细腻膏状酱料，主要用来做汉堡、三明治的调味酱，以及蘸酱、沙拉酱。黄芥末酱不像绿芥末酱（wasabi）那么辛辣，其口感柔和，味道微苦。在调沙拉酱的时候，可以在基础的酱料中加少量的黄芥末酱调味。
法式芥末酱带点微酸的滋味，有辣与不辣带酸味两大类，在法国就有一百多种。法国的沙拉酱汁中一定会加入芥末调味，最常被直接当作蘸酱，搭配肉类和煎炸食物味道非常合拍。

咖喱粉、咖喱块

咖喱其实指的是一种混合调料，十几种香料粉调配在一起，叫做咖喱粉。常见的咖喱中，印度的咖喱辛辣，泰国的咖喱清香，日本的咖喱偏甜。
相对于咖喱粉，家庭料理使用起来更方便的是咖喱块，加入之后基本不用再额外调味，对于制作那些我们不太熟悉的菜品，使用咖喱块在口味上还是比较有保障的。

酒类

酒类在烹调中的主要作用就是去腥、增香，特别是在烹制动物性食材时，酒类的加入能去除肉类中的异味。在锅很热的时候加入，酒精的沸腾挥发过程会带走食物的腥膻气味，突出食材原本的鲜香。洋酒与食材的搭配有一定的规律，这些规律来自长期的经验和实践总结，遵循这些规律也是对食材的尊重。

红葡萄酒

葡萄酒的酸味可以激发食物中原始的自然风味，而酒的甜度会对菜品的口感和风味产生重要的影响，也会影响其他调料的添加量。在选择葡萄酒作为调料时，应该充分了解葡萄酒的甜度。红葡萄酒适宜烹饪红肉类，特别是牛肉，红酒的馥郁酒香正好与牛肉的丰腻肉味产生理想的效果，令汁液更为浓郁，肉香四溢。

白葡萄酒

白葡萄酒清冽爽口，在烹调海鲜类及鸡肉这种白肉类的时候使用比较多。在烹调过程中加入，能带走海鲜的腥味，带出其本身鲜美的甜味。

白兰地

白兰地在腌制肉类，或者处理冷冻过的肉类时使用比较多，在煎制牛排、猪排的时候加入白兰地能去除肉类中的异味。在熬制酱汁的时候，白兰地的沸腾能让酱汁的味道更浓郁。

啤酒

啤酒清香可口，在德式菜系中用得比较多，在新派菜中以及海鲜类菜品中也会出现啤酒的踪迹。

油脂类

黄油

相较于植物油，黄油的奶味更重，煎牛排、炒蘑菇或是洋葱都会特别香。黄油的烟点低，很容易烧焦，在使用时一般在融化之后就要下食材煎炒。在大火煎牛排时，为了避免焦黑，最开始不要用黄油，如果想要牛排有黄油的奶香味，在煎到一半的时候加进去就好。

橄榄油

橄榄油带有橄榄果实的清香，特别适合做沙拉，也是西餐中比较经常使用的植物油。橄榄油营养价值高，适合人体吸收。有些人不太喜欢橄榄油的香味，可以用来炒或者煎炸，加热过后虽然会破坏一些营养成分，但那种特殊的香味会变淡。

无味植物油

如果不使用橄榄油，在做西餐的时候也最好不要用花生油、调和油这类中餐常用的油。这类油味道比较重，用来做中餐很香，但是容易把西餐的味道带偏。最容易购买的无味植物油是玉米油和色拉油。

淡奶油

淡奶油就是奶油蛋糕上的奶油，在被高速打发之前，它是浓稠的液体，打发之后失去流动性，适宜挤出造型。淡奶油打发之前可以作为原料，打发后可以作为装饰或馅料。淡奶油开封之后很容易变质，尽量购买小包装的。如果单纯用作装饰，可以选择喷射奶油，从罐子里出来就是固体状态。

奶酪类

马苏里拉奶酪——拉丝

马苏里拉奶酪属于淡味奶酪，最大的特点是能拉丝，因此它最适合做比萨或焗饭。市面上销售的马苏里拉奶酪有片状的、块状的和切碎的小颗粒，如果是用来做比萨，不要选片状的，可以直接买碎颗粒，或者买整块的自己刨成细条。如果打开原包装一次用不完，要放进冷冻室，开封的奶酪再放进冷藏室很快就会变质。

切达奶酪——浓郁

质地比较柔软，颜色从白色到浅橙色都有。切达奶酪是一种原制奶酪，或称为天然奶酪。市面上那些再制奶酪通常都是以切达奶酪为原料制成的。片状的切达奶酪价格相对实惠，保质期长，奶味浓郁，不管是用于煮菜或是夹在汉堡、三明治里都很方便，用途非常广泛。

帕玛森干酪——装饰，调味

块状的帕玛森干酪是又干又硬的，类似蜡的质感，吃的时候擦成薄片或者细丝，撒在做好的比萨或者意面的表面，增加风味。超市里比较容易找到的是瓶装的帕玛森奶酪粉，就是在比萨店里最常见的那种白色的粉末状奶酪。

原料及配餐面包

吐司

不管是做配料还是做主料，吐司面包在西餐简餐中使用的频率都很高。选吐司要选原味的或者咸味的，不加特殊配料，只添加了比较少的黄油，是最基础的面包，这样味道单纯的吐司才能确保不会影响最后菜品的风味。

法棍、欧包

法棍是欧包的一种。一般来说，欧式面包都个头大、分量重、表皮硬脆，面包内部组织没有海绵似的感觉，比较有韧劲儿。欧式面包口味多为咸味，且很少加糖和油。这样的面包空口吃味道有些单调，但是作为配餐面包，不会抢夺主餐的味道。

第一章

前菜篇

偶尔的犒赏

美式炸鸡

🕐 **70**分钟
烹饪时间

🍲 难度 ★★★★★

| 特色 |

这不是路边卖的"美式炸鸡"，这是媲美吮指原味鸡的美式炸鸡！不管有多少人告诉你炸鸡不健康、热量高，但它带来的满足感却是不言而喻的。自己做的炸鸡，油和鸡肉的安全性都有保障，偶尔做一次犒劳自己，身体会原谅你的。

主料：
* 琵琶腿 8 个

辅料：
* 中筋粉 160 克
* 细玉米粉 80 克
* 牛奶 150 克
* 洋葱 1/4 个
* 柠檬汁 15 毫升
* 盐 2 茶匙
* 黑胡椒粉 1/2 茶匙
* 大蒜粉 1 茶匙
* 辣椒粉 适量
* 意大利混合香料 1 茶匙
* 油 适量

①琵琶腿清洗干净，沥干。洋葱切成细丝，露出截面让洋葱汁能渗出，不要切碎，炸之前洋葱要挑出来。

②洋葱丝放入碗中，加入混合香料、黑胡椒粉、盐和柠檬汁，搅拌均匀成腌料。

③将鸡腿放入腌料碗中，用手抓揉按摩鸡腿，让腌料裹匀。将鸡腿密封好，放入冰箱冷藏 6 小时以上。

④中筋粉、玉米粉、大蒜粉和辣椒粉混合均匀成为蘸料。牛奶和柠檬汁混合，搅拌均匀待用。

⑤腌好的鸡腿沥干水分，整理好鸡皮，在蘸料里裹匀，用手轻压鸡皮让蘸料裹结实些。

⑥裹好第一层蘸料的鸡腿快速在牛奶柠檬液里蘸一下，捞出，沥干。

⑦将鸡腿再放入蘸料中，用与裹第一层适量蘸料相同的方法裹匀，压实，放入烧至七成热的油锅中。

⑧保持中小火将鸡腿炸到金黄色，鸡腿可以用筷子轻松穿透即为炸熟。捞出，沥油，撒少许黑胡椒粉即可。

营养贴士：

鸡腿肉肉质细嫩，汁多味美，自身味道清淡，是西餐中的常用食材。蛋白质含量丰富，虽然鸡皮部分的脂肪含量较高，但只要去掉鸡皮，就可以算作高蛋白低脂肪食品。

烹饪秘笈

牛奶加柠檬汁的做法是为了做出酪乳（buttermilk）的替代品。酪乳有乳化、蓬松的效果，但在国内比较难买到，所以用这个简单的方法自己调配。如果想要自己制作酪乳，可以用打蛋器打发淡奶油，打到黄油和奶液分离，分离出的奶液加上适量酸奶，冷藏发酵几小时得到的就是酪乳。

色彩斑斓

串烤果香鸡翅

🕐 **40**分钟
烹饪时间

🍲 ★☆☆☆☆
难度

| 特色 |

烤鸡翅已经司空见惯了，但是漂亮的烤鸡翅还是凤毛麟角。把鸡翅剁开成两块，在热力的作用下鸡肉会收缩成一个小球状，搭配上色彩艳丽的蔬菜，只需增加简单的步骤，就能大大提升菜品的颜值。

主料：

* 鸡翅中 10 个
* 红椒 1/2 个
* 黄椒 1/2 个
* 青椒 1/2 个
* 洋葱 1/4 个
* 柠檬 1/2 个

辅料：

* 苹果汁 100 毫升
* 大蒜 4 瓣
* 干迷迭香 2 茶匙
* 盐 1 茶匙
* 黑胡椒粉 1/2 茶匙
* 蜂蜜 2 茶匙
* 竹扦数根
* 黑胡椒碎 少许

①鸡翅剁开成两半，浸泡在清水中 2 小时以上，泡出血水。冲洗干净，捞出沥干。

②大蒜去皮，剁成蒜末。干迷迭香略切碎。在苹果汁中加入盐、黑胡椒粉、蒜末、迷迭香和蜂蜜，搅拌均匀。

③将搅匀的调料汁倒入鸡翅中，用手抓揉半分钟，盖好，腌制 2 小时以上。

④红椒、青椒和黄椒，去蒂、去子后切成方片。洋葱切片。柠檬切成小牙。

⑤取一根竹扦，穿上两片洋葱，然后穿一块鸡翅，再穿一片彩椒，彩椒和鸡翅间隔着穿满竹扦。

⑥将鸡翅串全部穿好，放在铺了油纸的烤盘上，上面再盖一张锡纸，四周折叠密封。烤箱预热200℃。

⑦将烤盘放入预热好的烤箱中上层，烘烤约 15 分钟。烤好之后将鸡翅串取出装盘，挤上柠檬汁，撒上少许黑胡椒碎和迷迭香碎即可。

营养贴士：

彩椒富含多种维生素和微量元素，可以淡斑，还有消暑、补血、预防感冒和促进血液循环等功效。彩椒属于杂交植物，并非转基因食品，可以放心食用。

烹饪秘笈

因为穿了蔬菜，为了在烤制过程中保持蔬菜水分，需要加盖锡纸。烧烤类的食物，没经过焯水，血水不容易去掉，会在烤的过程中渗出来。露出的瘦肉和骨头断面越大血水越多，所以浸泡去血水的过程最好不要省略。依照菜谱做出的鸡翅串口味偏甜，喜欢咸的可以增加盐的用量。

国宴级轻食

炸鱼薯条

🕐 **30分钟**
烹饪时间

🍲 **★☆☆☆☆**
难度

|特色|

英国是全世界公认的"黑暗料理"原产地。英国人在烹饪上没什么建树，所以几乎可以作为国家级美食的炸鱼薯条就备受推崇。看似零食的食物，甚至用来招待别国领导。这款国宴级食物继承了英国美食的优点——简单。

主料：
* 龙利鱼 1 片   * 速冻薯条 适量

辅料：
* 鸡蛋 1 个   * 白胡椒粉 1 茶匙
* 淀粉 100 克   * 番茄酱 适量
* 盐 1 茶匙   * 油 适量

①龙利鱼自然解冻，沥干水分。在鱼肉上撒上一层盐和适量白胡椒粉，腌制 1 小时以上。盐别撒多了，太咸会影响鱼肉的鲜味。

②腌好的鱼肉改刀成较长的大块。鱼肉先腌再切，涂抹调料时比较容易均匀。

③鸡蛋打散，放入大口碗中。淀粉放入盘中。

④在鱼肉表面先裹上薄薄一层淀粉，然后蘸蛋液。提起鱼肉，停留几秒，让多余的蛋液落下。

⑤将鱼肉再放入淀粉中裹一层。所有鱼肉都裹好蛋液、淀粉待用。

⑥锅中多放油，中火加热。油烧热后放入薯条炸至金黄，捞出，放在厨房用纸上吸掉多余油分。

⑦保持油温，将裹好的鱼肉放入，分散放，不要使鱼肉重叠，不要翻动，以免弄破表皮。炸至两面金黄。

⑧将鱼肉捞出，沥油，装盘。旁边摆上炸好的薯条，薯条上撒适量盐。在盘子里挤上番茄酱即可。

营养贴士：

龙利鱼肉多刺少，肉质细嫩。它属于深海鱼类，含有不饱和脂肪酸，对于防治心脑血管疾病和保护眼睛很有好处。非常适合久坐于电脑前的上班族作为保健鱼类食用。

烹饪秘笈

龙利鱼在解冻时会出大量的水，所以一定要放在盆里。这种鱼肉没刺，也没什么腥味，腌制时用很少的调料就好。薯条用速冻的比较简单，当然也可以自己做：新鲜土豆去皮，切成粗条，开水煮 5 分钟，捞出沥干，冷冻，然后就可以像速冻薯条一样炸了。

经典德国味
德式烤肠＋
大蒜土豆泥

🕐 **40**分钟　🍲 难度 ★☆☆☆☆

|特色|

德国烤肠和土豆泥是很经典的搭配。食客的注意力通常集中在主角烤肠上，配角土豆泥不容易出彩。大蒜切成薄片，煎到蒜味飘出却不油腻的程度，搭配上黑椒和迷迭香，混在绵密的土豆泥里，这样的土豆泥有足够的资本担当主力。

主料：

* 德式香肠 2 根
* 酸黄瓜 2 根
* 土豆 1 个

辅料：

* 大蒜 3 瓣
* 淡奶油 1 汤匙
* 橄榄油 2 汤匙
* 黄芥末酱 1 茶匙
* 干百里香 1 茶匙
* 盐 适量
* 黑胡椒碎 1/2 茶匙
* 植物油 少许
* 牛奶 2 汤匙

①土豆去皮，切成小块，放入蒸锅蒸软。大蒜去皮，切成薄片。酸黄瓜切滚刀块。

②百里香、盐和黑胡椒碎放入耐热小碗中。中火加热炒锅，锅中放入橄榄油。

③将油烧到七成热，放入全部蒜片，炸到蒜片略变色。

④连蒜带油一起浇到装盐、黑胡椒碎和百里香的碗中，搅拌均匀成调料油。

⑤土豆蒸好，取出压成土豆泥，趁热拌入牛奶、淡奶油和黄芥末酱。

⑥将调料油拌入土豆泥，充分搅拌均匀。根据自己喜欢的湿润程度，可以适量增减牛奶。

⑦中火加热平底锅，锅热后转小火，放入少许植物油，抹匀，放入香肠煎。

⑧香肠一面煎成金黄色后翻面煎另一面，两面煎好后取出。连同土豆泥、酸黄瓜一起摆盘即可。

营养贴士：

大蒜具有强力杀菌作用，同时可以抗疲劳、预防心脑血管疾病、改善糖代谢，有防癌抗癌特性。但是大蒜的蒜素会刺激肠胃，经过煎炸可以缓和这种刺激性。

烹饪秘笈

拌土豆泥的蒜片炸好应该是浅金色，千万别炸煳了，蒜片开始变色就离火，热油会持续给蒜片加热，同时激发出百里香的香味。香肠从包装中取出后最好冲洗一下，袋装的香肠表面有料汁，煎的时候容易焦。洗过要擦干表面，防止溅油。

厚实又松软

西班牙土豆烘蛋

🕐 **35**分钟
烹饪时间

🍲 ★★★☆☆
难度

|特色|

松软的鸡蛋，绵密的土豆，既可以当一道菜，也可以当主食。简单的配料，常见的土豆和鸡蛋，只要一只平底锅，就可以完成一道异域美食，新手也可以挑战。即使蛋饼做不到那么完整，也不会影响它的美味。

主料：
* 土豆 2 个　　　　* 洋葱 1/2 个
* 鸡蛋 4 个　　　　* 牛奶 4 汤匙

辅料：
* 黑胡椒碎 1/2 茶匙　* 鸡精 1/2 茶匙
* 盐 1 茶匙　　　　* 橄榄油 适量

① 土豆去皮，切成约 3 毫米厚的片。洋葱去老皮，切成细条。

② 烧一锅水，将土豆片煮熟，捞出，沥干，散去多余水汽。

③ 中火加热不粘平底锅，锅中多放些橄榄油，下洋葱条炒到半透明，撒少许盐和黑胡椒碎调味，拌匀后关火。

④ 盛出一半洋葱丝，剩余的铺平。取一半土豆片盖在洋葱丝上。

⑤ 撒上适量盐和黑胡椒碎。再盖上剩余的洋葱丝，土豆片，撒黑胡椒碎。

⑥ 鸡蛋充分打散，放入牛奶和鸡精，搅拌均匀。

⑦ 小火加热煎锅，将蛋液倒入锅中，蛋液基本与土豆片齐平，开小火煎。

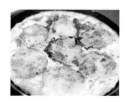

⑧ 待蛋液大致凝固、底面焦黄的时候用锅铲翻面，煎到蛋液表面完全凝固，变成金黄色即可出锅。

营养贴士：

土豆淀粉相较于其他淀粉，消化吸收率较低，因此不会引起血糖快速升高，还能增加饱腹感，是有血糖控制困扰和减脂健身人群的良好的主食替代品。

烹饪秘笈

做这个土豆蛋饼一定要用不粘锅，油多放些，如果有条件用两个煎锅更方便翻面。小一点的先煎，给蛋饼大致定形，翻面的时候直接扣到另一个锅里。另外，鸡蛋和土豆的量都要根据自家锅的大小调整，蛋饼尽量做厚一些，才更有口感。这款蛋饼煎烤的过程也可以用烤箱做，注意处理好防粘就好。

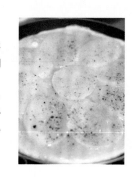

当得起招牌菜
烤薯皮

烹饪时间 45 分钟

难度 ★★★☆☆

| 特色 |

土豆皮被烤到有点发皱，更有嚼劲，里面包着调过味的土豆泥，加上炒过的牛肉末，还有焦香的奶酪陪衬，这就是当得起招牌菜的理由吧！

主料：

* 土豆 3 个
* 牛肉末 150 克
* 洋葱（切粒）1/2 个

辅料：

* 红椒（切料）20 克
* 马苏里拉奶酪碎 100 克
* 奶酪粉 2 茶匙
* 意大利混合香料 1 茶匙
* 盐 1 茶匙
* 黑胡椒粉 1 茶匙
* 黄油 40 克
* 牛奶 2 汤匙
* 淀粉 1 茶匙

烹饪秘笈

黑胡椒粉和盐，在土豆皮、土豆泥和洋葱牛肉末中都有放，哪部分都不要放多，避免成品口味太重。组装好的薯皮应顶部饱满，馅料尽量多放些。

①土豆对半切开，不去皮，中间挖空，留下约5毫米厚的土豆壳。挖出的土豆蒸熟。

②牛肉末中加入意大利混合香料、适量黑胡椒粉、盐，放入淀粉，搅拌均匀，腌制一会儿。

③蒸好的土豆压成泥，加牛奶和奶酪粉，放少许黑胡椒粉和盐调味，放20克黄油，拌匀。

④中火加热炒锅，放20克黄油烧化。放牛肉末炒散，再放洋葱炒香，加黑胡椒粉和盐调味。

⑤在挖好的土豆壳上撒少许黑胡椒和盐，放入预热180℃的烤箱，烤到土豆皮发皱，微黄，取出。

⑥在烤好的土豆皮里填上拌好的土豆泥，填到半满，土豆泥上面盖上炒过的洋葱牛肉末。

⑦最上面放上马苏里拉奶酪碎，装饰少许红椒粒。摆在烤盘上。

⑧将烤盘放入预热200℃完成的烤箱，上下火，中上层，烤到奶酪微焦即可出锅。

就是这么经典
炸薯条

烹饪时间 50 分钟

难度 ★☆☆☆☆

也许你曾经不解，为什么从超市买回的速冻薯条炸好就是外脆内软，自己家切的土豆炸过之后还是软巴巴的土豆呢。其实只是少了一个简单的步骤，有空闲的时候多做些，冻在冰箱里，想吃的时候只需要一锅热油即可。

主料：
* 土豆 2 个

辅料：
* 盐 适量
* 番茄酱 适量
* 油 适量

烹饪秘笈

如果不经焯水，薯条炸出来是软的，表皮不会酥脆。短时间焯水之后，再炸就会是脆的。炸好的薯条可以有多重变化，根据喜好撒一些大蒜粉或者黑胡椒粉，味道更好。

①土豆削去皮，切成粗条，尽量切得长一些，炸出的薯条更好看。

②切好的土豆条放进清水里，漂洗两次，洗掉表面的淀粉。

③烧一锅清水。将漂洗好的薯条沥干，放入沸水中。

④煮到水再次沸腾后，将薯条捞出，充分晾干。薯条要经过油炸，为了防止溅油，表面一定要干爽。

⑤晾干的薯条摊开放入冰箱中，将薯条冻硬。尽量分散开，以免经过冷冻薯条粘在一起。

⑥锅中多放油，将油温烧到七八成热，放入冷冻好的薯条。

⑦将薯条炸成浅金色后捞出，控油，冷却几分钟。

⑧在薯条上撒上少许盐，拌匀，装盘，旁边挤上适量番茄酱即可。

洋葱圈

 30 分钟　烹饪时间　 难度 ★★★☆☆

| 特色 |

洋葱圈和薯条一样，是特别适合搭配汉堡、三明治的小食。洋葱辛辣，裹上有滋有味的面衣，经过热油，炸到金黄酥脆，辛辣味退去，甜味自然显现出来。

主料：
* 洋葱 2 个
* 鸡蛋 2 个
* 牛奶 150 毫升
* 低筋面粉 150 克
* 面包糠 100 克

辅料：
* 大蒜粉 2 茶匙
* 黑胡椒粉 1/2 茶匙
* 辣椒粉 1/2 茶匙
* 盐 2 茶匙
* 番茄酱 3 汤匙
* 蒜蓉辣椒酱 2 茶匙
* 油 适量

①洋葱切去两头，去掉老皮，切成薄于 2 厘米的厚圆片。剥开成洋葱圈，大号的洋葱圈留用。

②大蒜粉、黑胡椒粉和辣椒粉混合均匀成调料粉。

③将调料粉撒在洋葱圈上，尽量撒匀，用手略翻拌一下，让调料粉更均匀，动作要轻，不要弄断洋葱圈。

④鸡蛋打散，加入牛奶和盐，搅拌均匀成为蛋奶液，放入深盘中待用。

⑤洋葱圈先在面粉中裹一下，然后蘸满蛋奶液，最后裹满面包糠，里外都要裹好。

⑥将裹好的洋葱圈放入油锅中炸至金黄，裹一个放入锅中炸一个。

⑦将洋葱圈炸到满意的颜色就捞出，直接放在厨房纸上吸掉多余油分。

⑧在番茄酱中加入蒜蓉辣椒酱，搅拌均匀，摆在炸好的洋葱圈旁边即可。

营养贴士：

洋葱能降低血黏度、降血压、提神醒脑、舒缓压力、预防感冒。此外，洋葱还能增强新陈代谢能力，抗衰老、预防骨质疏松，是适宜经常食用的具有保健功效的食品。

烹饪秘笈

最初撒调料粉时一定不要撒盐，盐放在蛋奶液里就好，过早接触盐会让洋葱圈失去水分，变软影响口感。生的洋葱也能吃，所以炸时只要外壳的颜色炸好即可。如果喜欢吃厚一点的面壳，可以增加一次裹面粉、蛋奶液的过程。

早餐好搭档
茄汁焗豆

🕐 **60** 分钟
烹饪时间

🍲 ★★★☆☆
难度

| 特色 |

虽然茄汁焗豆很难作为一份主菜，但是在美式早餐或早午餐里的分量和出镜率绝对不容忽视。

主料：
* 干黄豆 100 克
* 洋葱 1/2 个
* 培根 100 克
* 鸡蛋 1 个

辅料：
* 蜂蜜 1 汤匙
* 辣椒粉 1/2 茶匙
* 盐 2 茶匙
* 生抽 1 汤匙
* 黑胡椒粉 少许
* 红糖 1 汤匙
* 黄芥末 1 茶匙
* 油 少许
* 番茄酱 100 毫升

烹饪秘笈

用高压锅先把黄豆焖软再换锅收汁，虽然味道没那么浓郁，但胜在简单快捷。煎单面太阳蛋时，油一定要少，火力要小，鸡蛋入锅要近。如果怕烫伤，可以先把鸡蛋磕入小碗，再倒入锅中。

① 黄豆冲洗干净，浸泡在冷水中，充分泡发后沥干。洋葱切成小粒，培根切碎。

② 中火加热不粘炒锅，放入培根，煸炒到出油。放洋葱，翻炒到洋葱透明。

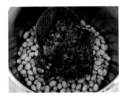

③ 加入全部调料（留部分盐、黑胡椒粉、红糖备用），翻炒均匀。泡好的黄豆放入高压锅，加入炒好的酱汁。

④ 补充清水，使锅中液面高于黄豆，搅拌均匀。用高压锅压 15 分钟。

⑤ 压好的茄汁豆放入汤锅中，小火炖煮到汤汁浓稠、黄豆酥烂，加盐和红糖调味即可。

⑥ 小火加热平底锅，将手掌放到锅上方 10 厘米处，能感觉到热度时，倒 1 角硬币大小的油。

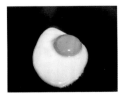

⑦ 用厨房用纸将油抹开，在距离锅面很近处磕一个鸡蛋。越近越好，让鸡蛋轻轻落入锅中。

⑧ 保持小火，煎到蛋白凝固，熄火，用铲子盛出，在鸡蛋表面撒少许黑胡椒粉和盐即可。

有内涵的肉丸
苏格兰蛋

🕐 **40分钟**
烹饪时间

🍲 ★★★☆☆
难度

苏格兰蛋是英国一家有三百年历史的百货公司发明的食物，最初是用做香肠的绞肉包裹一个水煮蛋，外面再裹上面包粉炸食。

主料：

* 鸡蛋 6 个　　　　　* 洋葱 1/4 个
* 牛肉末 350 克　　　* 奶油生菜 3 片

辅料：

* 奶酪粉 2 汤匙　　　* 盐 1 茶匙
* 白葡萄酒 1 汤匙　　* 面包糠 适量
* 黑胡椒粉 1/2 茶匙　* 面粉、油 各适量

烹饪秘笈

如果把蛋完全煮熟吃起来容易发干，因此才有了溏心蛋版。蛋外包裹的肉不厚，比较容易熟，炸的时间不要太长，否则就没有溏心效果了。如果觉得鸡蛋版的太大，可以做鹌鹑蛋版的，鹌鹑蛋体积小，做成全熟的一样美味。

①牛肉末中加入黑胡椒粉、盐和白葡萄酒，搅拌均匀，腌制一会儿。洋葱切碎成末。

②4 个鸡蛋放入冷水锅中，水面没过鸡蛋，水沸腾后再煮 6 分钟，捞出直接放入冷水，冷却后剥壳。1 个鸡蛋打成蛋液。

③牛肉末中磕入 1 个生鸡蛋，放洋葱末和奶酪粉，搅拌到肉馅上劲。肉馅搅拌得越黏越有嚼劲。

④肉馅平均分成四份，取一份放在保鲜膜上，压平成一个圆饼，放一个煮鸡蛋。

⑤把保鲜膜拢起，拧紧，裹成一个圆润的肉丸，去掉保鲜膜。

⑥把肉丸放在面粉里裹一层，然后裹蛋液和面包糠。把四个蛋都包好，裹好。

⑦烧一锅油到七成热，放入裹好的蛋，炸 7 分钟左右，肉炸熟了就好。

⑧洗净的生菜叶铺在盘中，摆上炸好的蛋。把其中一个切开，露出溏心。可搭配喜欢的酱料。

经典法餐头盘

法式小盅蛋

🕐 45分钟　　🍲 ★★★☆☆
烹饪时间　　难度

|特色|

法式小盅蛋是比较经典的法餐头盘，这里的制作方法被稍稍简化了，让法餐不再高高在上。一份小盅蛋，放喜欢的配料，搭配一块面包，一清早就可以让自己的嘴巴和肚子小资一把。

主料：
* 淡奶油 70 毫升
* 熏火腿 2 片
* 鸡蛋 2 个
* 法棍 适量
* 蟹味菇 30 克

辅料：
* 干莳萝碎 少许
* 盐 1/2 茶匙
* 豆蔻粉 1/2 茶匙
* 黄油 10 克
* 黑胡椒粉 少许

①蟹味菇切去根，掰散，冲洗干净，沥干。熏火腿切成小片。法棍斜刀切厚片。

②平底锅不放油，小火加热，放入蟹味菇和法棍切片。加热到法棍酥脆、蘑菇出水后取出。

③淡奶油放入密封小罐子，用力摇晃，使流动的奶油达到轻度打发的浓稠效果。

④用黄油涂满两个小烤碗内部，各放入 1 汤匙淡奶油。黄油提香，防粘，可以涂厚一点。

⑤振动烤碗，让淡奶油盖满碗底。撒上少许豆蔻粉、干莳萝碎和盐。

⑥放入煎过的蟹味菇和火腿片，撒少许黑胡椒粉，再盖上一些淡奶油。烤箱预热180℃。

⑦碗里磕一个生鸡蛋，撒上黑胡椒粉。将小盅放入深烤盘，烤盘里注入热水，水面高于烤碗的一半。

⑧将烤盘放入烤箱，中层，烘烤约18分钟。烤好之后取出，表面装饰少许淡奶油和干莳萝碎，搭配法棍脆片即可。

营养贴士：

蟹味菇因为有螃蟹的味道而得名，它的口感滑嫩，营养也极佳，有防癌抗癌、降低胆固醇等食疗功效，并且是一种低脂肪、低热量，有助于缓解便秘的健康食品。

烹饪秘笈

做法式小盅蛋烘烤的时间看个人喜好，喜欢吃软嫩的溏心蛋，就烤短一点，喜欢吃全熟蛋，烤制时间就延长。水浴法烘烤是西餐和烘焙中常用的方法，半蒸半烤，有烤的效果，成品还不会太干。如果使用的烤碗有盖子，可以直接盖上盖子，水浴可以省略。

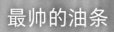

最帅的油条

西班牙油条
（柠香吉事果）

 50分钟 烹饪时间　 难度 ★★★★★

36

| 特色 |

吉事果又叫西班牙油条，大概是因为它会出现在西班牙人的早餐餐桌上，又是色泽金黄的棒状，所以得名。这美艳的油条炸好之后外壳酥脆，内心柔软，热度激发出柠檬的清香，蘸上柔滑的奶油，令你跃跃欲试。

主料：
* 低筋面粉 100 克　　* 牛奶 160 毫升
* 黄油 30 克　　　　 * 鸡蛋 2 个

辅料：
* 肉桂粉 1 茶匙　　　* 淡奶油 适量
* 柠檬 1 个　　　　　* 开心果 适量
* 细砂糖 30 克　　　 * 油 适量

①用擦丝器磨出柠檬皮屑，只要黄色的部分。开心果仁搓去薄皮，切碎。鸡蛋打散成蛋液。

② 20 克细砂糖、牛奶和黄油放入较厚的锅中，中火加热，烧到牛奶沸腾后马上关火。

③将面粉和肉桂粉一次性放入锅中，用铲子搅拌均匀，用力揉压，压拌成比较光滑的面团。

④重新开小火，分次加入蛋液，一边加一边用铲子搅拌均匀，直到成为均匀的黏稠面糊。

⑤将面糊放凉一些，然后放入装了裱花嘴的裱花袋中，裱花袋尾端夹紧。裱花袋一定要够厚。

⑥烧一锅热油，油量要大一些。左手拿裱花袋，右手拿剪刀，将面糊挤出适量长度后剪断，直接掉入锅中。

⑦根据锅的大小，一次不要炸太多，以免面糊入锅后粘连。炸至金黄色捞出沥油。

⑧趁着炸好的西班牙油条温热时撒上 10 克细砂糖和柠檬皮屑。旁边挤上打发的淡奶油，奶油上撒少许开心果碎即可。

营养贴士：

柠檬果皮富含芳香挥发油，可以生津解暑、开胃醒脾、提神醒脑。在女性怀孕期间，清新微苦的柠檬气味有缓解孕吐的功效。

烹饪秘笈

做面糊时尽量选厚一点的锅，有不粘涂层的更好操作。在炸的过程中，可以把面糊先挤在油纸上，这样能挤出不同形状。砂糖要趁油条还比较热但是不烫手的时候撒上去，有温度砂糖才能附着在表面，还能让柠檬皮的香味更浓郁。

馅多多 "比萨"

美式菠菜奶酪脆饼

🕐 **80**分钟
烹饪时间

难度 ★★★☆☆

| 特色 |

有一类食物叫"轻食"，或者叫咖啡馆简餐。就是在不是很饿，或者想快速结束一餐的时候吃的东西。这种包裹着满满馅料和奶酪、饼皮薄脆的小饼，可算是比萨的变种，可满足简单一餐。

主料：
* 面粉 200 克
* 菠菜 50 克
* 绵白糖 2 茶匙
* 盐 1 茶匙
* 黄油 20 克
* 清水 适量
* 干酵母 3 克

辅料：
* 番茄 1 个
* 青椒 1/2 个
* 熟玉米粒 2 汤匙
* 火腿片 4 片
* 马苏里拉奶酪 80 克
* 切达奶酪片 2 片

①菠菜取叶子部分，洗净，焯烫，沥干，打碎成泥，加入清水，一共成为 130 克的菠菜汁。

②面粉中加入菠菜汁、融化的黄油、盐、白糖、酵母，揉成光滑的面团，盖保鲜膜静置醒发 30 分钟。

③将醒好的面团平均分成四份，每一份都擀成厚度约 2 毫米，均匀大小的圆饼。

④饼铛不放油，放入擀好的面饼烙熟。烙好的饼放在一边放凉。

⑤番茄去蒂，切成短条。青椒去子切丁。火腿切小片。切达奶酪和马苏里拉奶酪都切碎。

⑥将番茄条、青椒丁、玉米粒、火腿片和奶酪碎放入盆中，充分搅拌均匀成为薄饼馅。

⑦取一片烙好的薄饼，放一半的馅料，铺均匀，撒少许盐。盖上另一片薄饼，用手压实。

⑧将组装好的薄饼放入饼铛，小火加热到奶酪融化、表皮酥脆即可出锅，用快刀切块，装盘。

营养贴士：

菠菜富含维生素 C、维生素 K 以及钙、铁等矿物质，对缓解便秘和改善皮肤粗糙有一定功效。因其含有丰富的类胡萝卜素、抗坏血酸，因而还具有补血、增强免疫力等食疗功效。

烹饪秘笈

因为加了番茄，容易出汤，拌好的馅料中如果汤汁太多，夹入饼中时就不要菜汤，只放沥干的蔬菜，否则汤汁浸润饼皮，很难烤酥脆。最后烤饼时火一定要小，饼已经是熟的，烤脆了就可以出锅。

奶酪焗番茄

番茄新吃法

🕐 30分钟
烹饪时间

🍲 ★☆☆☆☆
难度

| 特色 |

番茄的吃法千千万，有人喜欢生的，有人喜欢熟的。用焗的方式，保持番茄的完整，口感介于生熟之间，吃的时候还热乎乎的，不用担心胃寒。增加了配菜，提升了风味，且以蔬菜为基础，不用担心热量高。

主料：
* 番茄 3 个
* 洋葱 2 片
* 香菇 3 个
* 大蒜 2 瓣
* 片状奶酪 1 片
* 马苏里拉奶酪碎 2 汤匙

辅料：
* 黑胡椒碎 适量
* 盐 适量
* 干欧芹碎 适量
* 橄榄油 适量
* 油 少许

①洋葱取鲜嫩部分，切成小颗粒。香菇去蒂，切小粒。大蒜去根，切碎。

②中火加热炒锅，锅中放少许油，下蒜末炒香。放入香菇粒和洋葱粒，炒到香菇收缩，洋葱透明。

③调入少许黑胡椒碎和盐，拌炒均匀即可关火。

④番茄洗净，用快刀切掉上表面，内部果肉挖掉一些，形成一个浅浅的碗状。

⑤在番茄碗的上表面和四周刷上一层橄榄油，撒上少许盐和黑胡椒碎，给番茄加个底味。

⑥将片状奶酪撕碎，分成三份，每个番茄碗底放一份。烤箱180℃预热。

⑦放入炒好的蔬菜粒，填满小坑，鼓出一些。再在上面撒上一层马苏里拉奶酪碎和少许干欧芹。

⑧将组装好的番茄盅放入烤盘，烤盘放入预热好的烤箱下层。180℃烘烤13分钟左右即可。

营养贴士：

番茄含有多种营养，其中包含的果酸，能降低胆固醇，含有的苹果酸、柠檬酸和糖类有助消化的作用。番茄的成熟度越高，所含的营养也较丰富。

烹饪秘笈

不要选太大的番茄，中小号的比较合适。挖掉一部分果肉是为了填充更多的蔬菜粒，可以根据自己的喜好决定挖出多少番茄肉。蔬菜炒出味道就好，不用收干汤汁，组装的时候只要蔬菜不要汤。

爆浆小可爱

芝心土豆球

 45分钟
烹饪时间

难度 ★☆☆☆☆

|特色|

一款可爱的小零食，圆润饱满的浅金色外形，在视觉上先博得了好感。用土豆泥包裹奶酪，可以令奶酪保持柔软湿滑的状态，外层的土豆泥经过烘烤，外酥内软，一口咬下去，能获得爆浆的口感。

主料：
* 土豆 1 个
* 洋葱 1/2 个
* 培根 3 片
* 奶酪碎 适量

辅料：
* 橄榄油 1 汤匙
* 牛奶 1 汤匙
* 黑胡椒粉 适量
* 盐 1/2 茶匙

① 土豆去皮，切成厚片，蒸熟后碾压成泥。培根切成小粒，洋葱切小粒。

② 中火加热炒锅，放入培根粒煸出油，放洋葱粒，炒到透明后关火，晾凉。

③ 将不烫手的培根、洋葱倒入土豆泥中，加入盐和黑胡椒粉，搅拌均匀。

④ 加入约 1 汤匙牛奶调节湿度，拌好的土豆泥应该湿润却不太粘手。

⑤ 手上沾水，取一小块土豆泥，略压实，用手指戳一个小坑。

⑥ 在坑里填上适量奶酪碎，将土豆球收口，揉圆。在烤盘上刷上一层橄榄油，揉好的土豆球码在烤盘上。

⑦ 将土豆球全部揉好后，在每个球表面刷上一层橄榄油。烤箱预热200℃。

⑧ 预热完成后，将烤盘放入烤箱中层，烤15分钟左右，烤到表面酥脆即可。

营养贴士：

奶酪的营养成分类似牛奶，但浓度更高，含有丰富的蛋白质、钙、磷和维生素等，是天然的营养食品。

烹饪秘笈

配方中使用的是奶酪碎，对奶酪没有特别要求，不管是会拉丝的马苏里拉奶酪还是会融化的奶酪片都可以，切碎了用土豆泥包起来就好。土豆泥调配得不要太湿，否则不易成型还粘手。在表面刷橄榄油，会让土豆球有一点煎炸的效果，味道更香，表面更酥脆。

轻食界宠儿

鹰嘴豆沙拉

🕐 **30分钟**
烹饪时间

🍲 **★☆☆☆☆**
难度

44

鹰嘴豆不在我们的主流食物中，但它越来越成为健身减脂人群的饮食中必不可少的一部分。鹰嘴豆在欧美很火爆，除了有产地的因素，还因为这个豆子能提供优质蛋白质，是当之无愧的"豆中之王"。

主料：
* 干鹰嘴豆 50 克
* 圣女果 10 个
* 北豆腐 50 克
* 奶油生菜 适量
* 紫皮洋葱 1/4 个
* 松子仁 30 克

辅料：
* 姜 2 片
* 盐 7 克
* 黑胡椒粉 1 茶匙
* 柠檬汁 1 茶匙
* 橄榄油 2 茶匙
* 蜂蜜 1 茶匙

①鹰嘴豆提前一晚用凉水浸泡，充分泡发到豆子变大、变饱满。

②鹰嘴豆洗净后放入小锅，加入 5 克盐和姜片，煮到口感绵软。

③煮好的鹰嘴豆沥干，冷却。圣女果去蒂，洗净，每个切成 4 块。北豆腐切成大方丁备用。

④紫皮洋葱选择鲜嫩部分，切成细丝。奶油生菜洗净，用手撕成小块备用。

⑤橄榄油、蜂蜜、柠檬汁、2 克盐和黑胡椒粉充分搅拌均匀，成为沙拉汁。

⑥鹰嘴豆、圣女果和北豆腐放入搅拌碗，浇上沙拉汁，拌匀，腌制 10 分钟。

⑦上桌之前，将奶油生菜和紫洋葱放入搅拌碗，拌匀，装盘，不要汤汁。

⑧最后在表面撒上松子仁。松子仁体积小，不要搅拌，否则会沉到碗底看不到。

营养贴士：

鹰嘴豆中富含蛋白质、不饱和脂肪酸、膳食纤维、钙、锌、钾、B族维生素等对人体有益的营养素，既能补充蛋白质，食用后又有饱腹感，是健身人群的理想食品。

烹饪秘笈

沥干的鹰嘴豆在冷却过程中要密封好，防止失去水分而变干。洋葱和生菜都容易出汤，拌这种有果实、也有叶菜的沙拉，叶菜要在上桌之前再放，否则叶菜会变得软塌，卖相和口感都不好。

牛油果鸡肉沙拉

 30分钟 烹饪时间 | ★☆☆☆☆ 难度

| 特色 |

牛油果越来越红，喜欢的人说它味道像鸡蛋黄，吃起来很香，不喜欢的人觉得它黏糊糊的，腻口。然而把牛油果加入到沙拉里，能让原本寡淡的蔬菜变得丰盈，和鸡肉搭配在一起，还可以作为减脂期的代餐，饱腹耐饥。

主料：

* 鸡胸肉 100 克
* 牛油果 1/2 个
* 蔓越莓干 1 汤匙

* 西芹 1 根
* 大蒜 1 瓣
* 香菜叶 少许

辅料：

* 沙拉酱 1 汤匙
* 牛奶 2 茶匙
* 法式芥末酱 1 茶匙
* 细砂糖 1/2 茶匙
* 柠檬汁 1/2 茶匙

* 面粉 1 茶匙
* 黑胡椒粉 少许
* 盐 少许
* 油 少许

①在鸡胸肉表面抹上一层盐和黑胡椒粉，腌制15分钟。蔓越莓干加饮用水没过，浸泡半小时以上。

②腌制好的鸡胸肉表面扑上一层面粉，薄薄一层即可，可提升煎鸡肉的口感。

③平底锅放少许油，锅热后放入鸡胸肉煎至表面金黄后取出，放在纸巾上，吸掉表面油分。

④鸡胸肉放至完全冷却，切成大方丁。凉的肉类肉质紧实，切出的截面才会整齐好看。

⑤大蒜去皮，剁成细腻的蒜蓉。加沙拉酱、牛奶、芥末酱、细砂糖和柠檬汁，搅拌均匀成沙拉酱汁。

⑥西芹撕掉老筋，冲洗干净，切成约1厘米长的小段。牛油果去皮、去核，切成小方块。

⑦将西芹和鸡胸肉放入搅拌碗，加沙拉酱汁搅拌均匀。

⑧最后放入牛油果和蔓越莓，略拌匀，在盘中堆成小山状，在最上面装饰一片香菜叶即可。

营养贴士：

牛油果富含丰富的不饱和脂肪酸，可以增加女性胸部组织弹性，其富含的维生素E可以促进雌性激素分泌。牛油果的含糖量极低，是难得的高脂低糖食品。

烹饪秘笈

牛油果完全成熟的标志是表皮变黑，果肉变柔软。但是在制作沙拉时，为了拌出的成品好看，可以不选成熟得太完全的牛油果，保留一点韧性，拌出来不会软烂。蔓越莓加清水浸泡过后颜色会更鲜艳，口感更软，加入沙拉味道更好。

随遇而安

春沙拉

🕐 **35**分钟
烹饪时间

🍲 ★☆☆☆☆
难度

名字叫春沙拉，事实上说的是一种选择食材的心态。吃当季的蔬菜、水果安全又美味。当预备做沙拉时，不必强求一定要买到什么，将时令的几种食材组合到一起，便能收获一份随遇而安的惊喜。

主料：
* 奶油生菜 适量　　　　* 金枪鱼罐头 1/2 个
* 番茄 1 个　　　　　　* 煮鸡蛋 1 个
* 豌豆角 8 根　　　　　* 樱桃萝卜 3 个
* 土豆 1 个　　　　　　* 黑橄榄 适量

辅料：
* 橄榄油 1 汤匙　　　　* 蜂蜜 2 茶匙
* 苹果醋 1 汤匙　　　　* 黑胡椒碎 适量
* 生抽 1 汤匙　　　　　* 盐 少许
* 法式黄芥末 1 茶匙

①选择新土豆，清洗干净之后带皮煮熟，晾凉之后切成小块。

②烧一锅水，水沸腾之后放少许盐，下豌豆角焯熟。捞出放入冷水中冷却。

③金枪鱼从罐头中取出，沥干油分。白煮蛋不要煮到全熟，有点溏心最好，去壳切块。

④生菜冲洗干净，用手撕成一口大小的片。豌豆角用手撕开成两片，让豆子就留在豆角里面。

⑤樱桃萝卜洗净，切成薄圆片。番茄洗净，切成小块。除盐外的所有调料搅拌均匀，成为沙拉汁。

⑥将土豆块、番茄、黑橄榄、樱桃萝卜和金枪鱼放入搅拌碗，加入适量沙拉汁，拌匀。

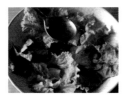

⑦把生菜叶凌乱地铺在上菜的盘子里，倒上一半拌好的沙拉。

⑧放上两块鸡蛋和没有豆子的豆角，再倒上另一半沙拉，摆上剩下的鸡蛋和有豆子的豆角，整理一下即可。

营养贴士：

豌豆中有丰富的膳食纤维，可以促进大肠蠕动，保持大便通畅，起到清洁大肠的作用。再孕期女性多吃豌豆，可以提高乳汁的数量。

烹饪秘笈

这道沙拉选择的都是春夏常见的蔬菜，取材容易，口味清新。拌沙拉时，容易被揉烂或者像蛋黄那样会粘在其他蔬菜上面的，尽量不要搅拌。装盘时让所有食材都能被看到，漂亮的摆在最上面，最后略整理一下，把遮盖起来的食材都拎出来摆在表面。

三文鱼黄瓜沙拉卷

45分钟
烹饪时间

★★★☆☆
难度

| 特色 |

黄瓜削成薄薄的片状，变得柔软易造型，又保持了爽脆口感，包裹着绵软的土豆泥，烘托了三文鱼刺身的鲜美。捏起一个，整个放进嘴里，感受三种口感与味道融汇在一起的美妙滋味。

主料：
* 土豆 2 个
* 牛奶 1 汤匙
* 奶酪粉 1 汤匙
* 黑胡椒粉 适量

* 盐 1/2 茶匙
* 黄瓜 1 根
* 三文鱼 120 克

辅料：
* 橄榄油 2 茶匙
* 大蒜 1 瓣

* 柠檬 2 片
* 黑橄榄 12 片

①土豆去皮，切成厚片，上锅蒸熟后压成泥。

②土豆泥中加入牛奶、奶酪粉、黑胡椒粉和盐，搅拌均匀。

③将土豆泥捏成均等大小的 12 个球，放在一边晾凉待用。

④大蒜去皮，剁成细蒜蓉。三文鱼切成小丁。柠檬切成每一片都带皮的小三角备用。

⑤在三文鱼丁中，加入蒜蓉、橄榄油、盐和少许黑胡椒粉，搅拌均匀。

⑥取一个土豆球，用黄瓜片卷起来，成为一个小桶，上半部分留点空间。将全部小桶都卷好。

⑦把黄瓜桶摆好在盘子里，做好造型。用茶匙在黄瓜桶里放上三文鱼丁，让鱼肉溢出来一些。

⑧在三文鱼上摆上一片黑橄榄，上面再放一角柠檬片即可。

营养贴士：

三文鱼富含优质蛋白质和不饱和脂肪酸，有助于降低血脂；其丰富的DHA和EPA还有益于儿童大脑和视觉发育。常吃三文鱼对中老年人和儿童颇有裨益。

烹饪秘笈

土豆球不要揉得太大，小小一个，用黄瓜卷起来后上面还能有空间最好。调沙拉时，凡是需要放固体调料的，例如大蒜、辣椒等，在最开始就调好，让固体调料的味道充分散发出来。

不一样的沙拉

烤南瓜沙拉

🕐 35分钟　烹饪时间　　🍲 ★☆☆☆☆ 难度

|特色|

芝麻菜和紫叶生菜是西餐厅中最常见的沙拉材料，它们鲜嫩多汁，再加上沙拉中不多见的豇豆和温泉蛋，在家里也可以做出特别有味道、有个性的沙拉。

主料：
* 芝麻菜 适量
* 绿皮小南瓜 100 克
* 紫叶生菜 4 片
* 培根 2 条
* 鸡蛋 2 个

辅料：
* 熟白芝麻 2 茶匙
* 黑胡椒粉 1/2 茶匙
* 柠檬汁 1 茶匙
* 盐 1/2 茶匙
* 蜂蜜 1 茶匙
* 黄油 5 克
* 牛奶 1 茶匙

①将小南瓜洗净，去瓤，切成长片。芝麻菜、生菜去根，洗净。

②在南瓜片表面涂上黄油，放入烤箱将烤熟后取出，晾凉备用。

③煮溏心蛋。鸡蛋冷水入锅，不盖锅盖，煮到水沸腾后继续煮 30 秒。

④盖锅盖，熄火，不移动锅，闷 2 分钟左右。然后将鸡蛋放入冷水，剥掉壳，切块。

⑤培根切成宽条，入平底锅中略煎。白芝麻用擀面杖压一下，略压碎。

⑥将紫叶生菜和芝麻菜在盘子中央摆成一束。柠檬汁、蜂蜜、牛奶、黑胡椒粉和盐拌匀成沙拉汁。

⑦南瓜、溏心蛋和培根放入大碗中，加沙拉汁拌匀，盛入盘中，最后撒上芝麻碎即可。

营养贴士：

芝麻菜又叫火箭生菜，因为有浓郁的芝麻香味而得名。芝麻菜含有丰富的维生素，热量很低，有清新的气味，鲜嫩的芝麻菜叶是沙拉的良好搭档。

烹饪秘笈

绿皮小南瓜也叫贝贝南瓜，放久一点南瓜肉会很干，淀粉感很强，可以当作主食。南瓜在没煮熟的时候皮很硬，熟了就变柔软了，如果想去皮可以熟了再去。芝麻菜的清苦味道比较重，不习惯这种味道的可以用苦菊替代。

美妙的融合
牛油果红薯沙拉

🕑 **25**分钟
烹饪时间

🍲 ★☆☆☆☆
难度

| 特色 |

红薯也能放进沙拉？是的！还是不去皮的红薯。红薯的甘甜、牛油果的软滑和核桃的酥脆融合在一起，经过沙拉汁的调和，每种食材的味道都不会被忽略，和谐而不突兀。

主料：
* 红薯 150 克
* 核桃 50 克
* 牛油果 1/2 个

辅料：
* 柠檬汁 2 茶匙
* 盐 少许
* 小三角奶酪 1 个
* 黑胡椒粉 少许
* 苹果醋 1/2 茶匙

①将红薯洗净，不去皮，取中段部分，切成小方块。

②将红薯块放入耐热碗，加盖保鲜膜，入微波炉高火加热 3 分钟。取出晾凉。

③将核桃掰成大块，放入平底锅，小火将核桃烤香。有香味溢出即可关火，取出晾凉。

④将小三角奶酪放入碗中，用勺子碾压成糊状。

⑤在奶酪糊中加入醋、盐和黑胡椒粉，搅拌均匀成为沙拉酱汁。

⑥牛油果去皮，切成小块，加柠檬汁，拌匀。牛油果易氧化，加入柠檬汁可防止变色。

⑦拌好的牛油果取一半用叉子压碎，拌在沙拉酱汁里，可以达到酱汁浓郁的效果。

⑧将全部食材放在一起，加调好的沙拉酱拌匀。装入盘中，堆成小山状即可。

营养贴士：

红薯中的膳食纤维含量很高，但是高于土豆、面条。又因其甘甜且质地细腻，不会损伤肠胃，又能加速肠胃蠕动，有助于清理肠道，缩短有毒物质在肠道内的存留时间。

烹饪秘笈

红薯的筋在两头比较多，取中段部分，口感更细腻。因为这道沙拉中，牛油果有一半需要压碎，所以选择成熟度高一点的牛油果效果更好。

沙拉界的新贵

芦笋藜麦沙拉

🕐 **40**分钟
烹饪时间

🍲 ★☆☆☆☆
难度

| 特色 |

藜麦无需浸泡，易煮熟，熟了之后外壳涨开，露出里面晶莹剔透的内心，咬上去口感弹牙。由于其本身没有什么特别的味道，搭配任何蔬菜或者肉类都很和谐。

主料：
* 藜麦 2 茶匙　　　　* 苦菊 1 棵
* 芦笋 10 根　　　　 * 熟腰果 适量
* 虾仁 12 个

辅料：
* 蜂蜜 1 汤匙　　　　* 盐 适量
* 黄芥末酱 1 汤匙　　 * 黑胡椒粉 适量
* 果醋 1 汤匙　　　　* 油 少许
* 橄榄油 2 汤匙

①藜麦用水冲洗一下，放入沸水中，煮到开花，捞出沥干，晾凉。

②芦笋冲洗干净，把末端切掉。剩余的部分，如果末端的皮还是硬，用刮皮刀削掉一部分。斜刀切成寸段。

③苦菊切掉根，洗净，选择里面新鲜嫩绿的部分，洗净，沥干水分，切成长寸段。

④重新烧一锅水，水沸腾后加入少许油和盐，下芦笋快速焯烫一下。捞出放入冷水中冷却。

⑤挑去虾仁的虾线，同样放入沸水中烫熟，沥干、晾凉备用。

⑥将蜂蜜、黄芥末酱、果醋、橄榄油、盐和黑胡椒粉放入小瓶子中，用力摇匀成为油醋汁。

⑦将苦菊抓散乱，垫在上菜的盘子上，铺满一层。

⑧虾仁、藜麦、芦笋和腰果放入搅拌盆，加油醋汁拌匀，盛出放在苦菊上即可。

营养贴士：

藜麦和虾仁都是高蛋白低脂肪的食物，搭配上爽脆的芦笋、酥脆的腰果，低脂沙拉也可以美丽又美味。藜麦的营养特点之一是膳食纤维的比例极高，且具有黏性。食用藜麦应该要深加工，以保持鲜汁营养。

烹饪秘笈

这道菜口味比较清爽，用了油醋汁搭配，低脂又健康。菜谱中介绍的是一种比较经典的油醋汁的配比，更传统的配方应该使用白葡萄酒醋、红葡萄酒醋或者意大利黑醋，但是这些都不太容易买到，所以就用果醋代替了。

酸甜爽口

泰式柚子沙拉

🕐 烹饪时间 **35**分钟　　🍲 难度 ★☆☆☆☆

|特色|

泰国饮食中用到的热带水果很多,如芒果、菠萝、青木瓜等,这些水果天然的酸甜味道让泰国菜肴多了一些清新的果香。酸甜的水果味可以解腻、助消化,辅以薄荷的清香,更是开胃,在以肉食为主的餐桌上,一定会非常受欢迎。

主料:
* 柚子 250 克
* 大虾 10 只
* 花生仁 2 汤匙

辅料:
* 薄荷叶 适量
* 大蒜 4 瓣
* 小米椒 3 个
* 鱼露 3 汤匙
* 柠檬汁 3 汤匙
* 绵白糖 2 茶匙

①薄荷叶洗净,大片的略改刀。大蒜去皮剁成蒜蓉。小米椒去蒂切成小段。

②蒜蓉、辣椒段、鱼露、柠檬汁和白糖放在一起拌匀,成为沙拉汁。

③大虾洗净,开背,去掉虾线。去头、壳,保留虾尾。

④将剥好的虾仁放入开水中焯熟,卷曲变色即可捞出。

⑤焯好的虾仁放入可饮用的冰水中,快速冷却让虾肉变紧实。

⑥柚子剥掉白色的皮,露出里面的柚子肉,用手掰散成大块。

⑦将花生仁放在案板上,用擀面杖轻轻压碎。不用太碎,保留部分花生颗粒。

⑧柚子肉、虾仁、薄荷叶放入搅拌盆,加入沙拉汁拌匀,装盘,撒上花生碎即可。

营养贴士:

柚子清香、酸甜,营养丰富,可纾解食欲不振、消化不良,其富含胡萝卜素、维生素C以及多种有益物质。柚子皮也有一定的去火功效。

烹饪秘笈

薄荷叶在这道沙拉里起装饰和调味的作用,喜欢就多放,不喜欢就少放。最后留几片好看的小叶子摆在最上面装饰用。柚子选择红肉的或者白肉的都可以,如果本身比较酸,在调沙拉汁时就多放一点糖,中和一下。

第二章

汤 篇

法风浓情

法式洋葱汤

🕐 烹饪时间 **50**分钟 | 🍲 难度 ★★★★★

62

|特色|

洋葱汤是比较典型的法国风味汤,味道香浓。基础的洋葱汤以牛肉汤为基底,用干红或干白调味,加少许黑胡椒粉,突出洋葱炒到焦化的香味,配料简单,做法也不复杂,只需要炒洋葱时多一点耐心。

主料:
* 洋葱 2 个
* 奶酪片 2 片
* 法棍面包 适量
* 蒜 2 瓣

辅料:
* 黄油 20 克
* 盐 适量
* 干白 50 毫升
* 高汤调料 1 份
* 黑胡椒粉 1/2 茶匙

①洋葱去根、老皮,切成细丝。法棍面包斜刀切成厚片。蒜去皮,切小粒。

②法棍面包片放入预热160℃左右的烤箱,烘烤约 20 分钟,把面包烤脆。

③小火加热平底锅,放入黄油烧化,烧至黄油变成液体并有些冒小泡泡即可。黄油燃点低,要避免烧焦。

④放入蒜粒和洋葱丝,不断翻拌,炒到洋葱变成焦黄色。洋葱焦化的味道是这道汤的亮点,一定要炒到位。

⑤加入高汤调料、干白和黑胡椒粉,加入适量水,拌匀。不喜欢辛辣的可以少放黑胡椒粉。

⑥大火煮开后转中火继续煮 15 分钟,放入适量盐调味。将汤盛在耐热的烤碗里。

⑦在汤表面放烤好的法棍切片,最上面覆盖奶酪片。烤箱预热180℃。

⑧将烤碗放入预热好的烤箱,烘烤约 10 分钟,烤到奶酪融化表面微焦即可。

营养贴士:

洋葱所含的类黄酮能降低血小板的黏滞性,常吃可减少心脑血管疾病的发生率。相比较而言,紫皮洋葱的营养价值高于白皮、黄皮洋葱。

烹饪秘笈

炒洋葱时要一直保持小火,慢慢炒,炒到洋葱变成焦黄色,这样做出来的汤才更香浓。如果没有烤箱,可以用平底锅不放油烤法棍片,最后组装的时候再把奶酪放在法棍切片上,加热到奶酪融化,趁热放在热汤上。

温暖厚重
南瓜蔬菜浓汤

🕐 **40**分钟　　🍲 难度 ★★★☆☆

烹饪时间

|特色|

法式浓汤总给人一种很温暖厚重的感觉，浓浓的，配上法棍切片或是主食面包，就能凑成一顿饭了。这种厚重的感觉离不开法式白酱的功劳。面粉、黄油和牛奶的简单组合，能给很多料理带来从朴素到华丽的变化。

主料：
* 南瓜 400 克　　　* 胡萝卜 1/2 根
* 芹菜 1 根　　　　* 牛奶 200 毫升
* 洋葱 1/4 个　　　* 面粉 10 克

辅料：
* 黄油 25 克　　　　* 盐 1 茶匙
* 黑胡椒粉 1/2 茶匙　* 淡奶油 少许

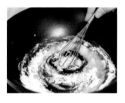

①中小火加热炒锅，放入 10 克黄油，将黄油融化。然后加入面粉，用打蛋器不断搅拌到没有干粉。

②分多次加入牛奶，一边加一边不断搅拌，直到牛奶全部加入，成为质地均匀、比较黏稠的白酱。

③南瓜去皮切小块。胡萝卜、芹菜和洋葱洗净切丁。

④将白酱盛出后洗净炒锅，中火加热，放入 15 克黄油，黄油融化后放入芹菜丁和洋葱丁炒香。

⑤放入胡萝卜丁和南瓜炒软。加入黑胡椒粉调味后关火。

⑥将炒好的蔬菜盛出，放入料理机，搅打成糊状。

⑦然后将蔬菜糊倒入汤锅中，加入适量水，中火加热，加入白酱，搅拌均匀。

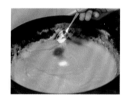

⑧加入适量盐调味。将汤煮到浓稠后关火。装碗后可以在表面淋少许淡奶油装饰。

营养贴士：

南瓜含有丰富的钴元素，在各类蔬菜中含钴量遥遥领先。钴是人体胰岛细胞所必需的微量元素，因此需要控制血糖的人群，经常食用南瓜大有益处。

烹饪秘笈

菜谱中前两步是简单的法式白酱的制作方法，去掉了比较不常用的豆蔻粉和月桂叶。熬白酱时，每次都搅拌到加入的牛奶和白酱完全融合再加入下一次，直到牛奶全部加入，搅拌到酱汁浓稠即可。如果有豆蔻粉可以加进去，少许就好，炒出的白酱味道更正宗。

经典低脂汤

意式蔬菜汤

🕐 40分钟　🍲 难度 ★☆☆☆☆
烹饪时间

|特色|

意式蔬菜汤是一种比较基础的汤品，大多数西餐厅都有，只是加入的配料不同，共同点是都有番茄和圆白菜。这款汤不像浓汤，为了美味加入大量的黄油和奶油，所以瘦身人士可以毫无负担地来上一大碗。

主料：
* 番茄 2 个
* 圆白菜 3 片
* 芹菜 1 根
* 胡萝卜 1/2 根
* 土豆 1/2 个
* 洋葱 1/3 个
* 西蓝花 50 克
* 大蒜 3 瓣

辅料：
* 番茄酱 1 汤匙
* 意大利混合香料 1/2 茶匙
* 黑胡椒粉 少许
* 黄油 20 克
* 鸡精 1 茶匙
* 绵白糖 1/2 茶匙
* 盐 适量

①番茄去皮，切成小粒。西蓝花切成小朵。圆白菜去掉大梗，切小片。洋葱切小片。芹菜、土豆和胡萝卜都切片。

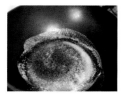

②中火加热炒锅，锅中放入黄油，将黄油烧到冒小泡泡。

③黄油融化变热后放入蒜片和洋葱片，翻炒出香味。下胡萝卜，炒到胡萝卜变色。

④放入番茄粒和番茄酱，翻炒到番茄颗粒变软烂。将番茄炒到软烂，煮出的汤更浓郁。

⑤加入清水，大火烧开后将蔬菜和菜汤一起倒入汤锅，中火加热。

⑥放入芹菜和土豆片，加入意大利香料，盖锅盖，保持中小火，煮15分钟。

⑦加入西蓝花和圆白菜继续煮3分钟。圆白菜非常易烂，为了保持口感，要后放。

⑧煮到土豆变得绵软之后，加入鸡精、黑胡椒粉和白糖，调入适量盐即可。

营养贴士：

新鲜的圆白菜有一定的杀菌消炎作用，对于牙痛、咽喉痛和胃痛有一定的缓解作用。圆白菜富含叶酸，孕期女性和贫血人群可以多吃些圆白菜。

烹饪秘笈

番茄、洋葱和芹菜的香气都比较重，奠定了这道意式蔬菜汤的基调，其他蔬菜的加入比较随意，易烂的蔬菜后放就好。加入白糖除了提鲜，还有中和番茄酸味的作用，喜欢酸口的就少放或者不放。如果你用的汤锅是能炒菜的，可以省略中间换锅的步骤。

香甜绵密

玉米浓汤

🕐 35分钟　　🍲 ★☆☆☆☆

烹饪时间　　难度

| 特色 |

西餐中的浓汤，看起来好像很高深，很多人以为制作过程必定很复杂，味道才能如此浓厚。事实上，只要有了根茎类蔬菜，加上一根搅拌棒，就能产生香浓绵密的口感。

主料：
* 甜玉米 2 根
* 洋葱 1/4 个
* 土豆 100 克
* 牛奶 250 毫升

辅料：
* 黄油 20 克
* 黑胡椒粉 少许
* 盐 1 茶匙
* 豆蔻粉 少许

①将玉米粒从玉米棒上切下来。一定要切，掰下来的玉米粒上会有硬蒂，影响口感。

②土豆去皮切小丁，洋葱去老皮、去根，切小粒。土豆代替面粉做玉米汤成品会更顺滑，不易结块。

③中火加热炒锅，锅热后放入黄油，将黄油烧化。放入洋葱粒，翻炒出香味。

④放入玉米粒和土豆块，翻炒 2 分钟，使食材和黄油充分接触。

⑤加入牛奶和一碗水，大火烧开后转中小火，煮 10 分钟。不要加盖，有牛奶容易溢锅。

⑥将煮好的汤汁连同汤料一起倒入料理机，搅打成均匀的糊状。

⑦打好的玉米糊重新倒回汤锅，根据喜欢的浓度添加开水，小火煮开。

⑧加入黑胡椒粉和盐，调入少许豆蔻粉，搅拌均匀即可。装碗后可以在表面装饰一些熟玉米粒。

营养贴士：

玉米中的膳食纤维含量较高，具有刺激肠胃蠕动的功效，有助于清理肠道垃圾。玉米中还含有较多的谷氨酸，谷氨酸可促进脑细胞发育，常食可益智健脑。

烹饪秘笈

现在的很多料理机、破壁机是耐高温的，可以把热汤倒进去搅拌。但是如果你的料理机不耐热，可以在炒完食材后，放凉再放进料理机，加凉牛奶，搅拌完成之后再放进汤锅煮熟。如果有稀奶油更好，最后煮的时候加 50 毫升，玉米汤会更香浓。

奶油蘑菇汤

 40分钟 烹饪时间 |  难度 ★★★☆☆

| 特色 |

一道汤品里，同时蕴含了蘑菇的鲜香与奶油的醇厚。喜欢吃素，可以就放蘑菇和洋葱，觉得加点烟熏的肉更有层次，就放一些煎过的培根进去。烤上一片面包，蘸上蘑菇汤，真是让人难以拒绝的诱惑。

主料：

* 口蘑 300 克
* 牛奶 200 毫升
* 洋葱 1/4 个
* 淡奶油 50 毫升
* 吐司 1 片

辅料：

* 黄油 55 克
* 黑胡椒粉 少许
* 盐 1 茶匙
* 面粉 20 克

① 口蘑去蒂，冲洗干净，切片。洋葱去根，去老皮，切成小粒。

② 面包片去边，两面涂抹黄油，切成小方丁，放入平底锅将面包丁烤到酥脆后取出，晾凉。

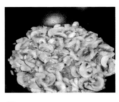

③ 小火加热炒锅，锅热后放入 20 克黄油，放入洋葱丁炒香，放口蘑片炒到蘑菇收缩、变色，盛出待用。

④ 炒锅洗净，重新放入 20 克黄油，烧到黄油融化后放入面粉，将面粉炒到发黄。

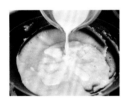

⑤ 分 3 次加入牛奶，每次加入都将面粉与牛奶搅拌到完全融合，关火。牛奶不要一次加入，否则面粉容易结块。

⑥ 将炒过的口蘑片和洋葱丁放入搅拌机，倒入煮好的牛奶浓汤，一起搅拌成糊状。

⑦ 将蘑菇牛奶糊倒回汤锅，加入 45 毫升淡奶油、黑胡椒粉和盐，加适量水，小火煮开后关火。

⑧ 将煮好的蘑菇汤装碗，在表面滴几滴淡奶油装饰，再撒上少许烤脆的吐司丁即可。

营养贴士：

口蘑是一种很好的减肥美容食品。它富含膳食纤维，具有防止便秘、促进排毒、降低胆固醇的作用，并且属于低热量食物，多吃几口也不会发胖。

烹饪秘笈

菜谱中把口蘑全都打碎了，如果喜欢蘑菇的口感，可以在炒过蘑菇之后留出一部分不打碎，最后煮汤的时候放进去。淡奶油的加入会让汤更香滑，奶味更浓，如果没有不加也可以。黄油一定要在软化时涂在面包片上，涂很薄的一层就可以。不能等到黄油融化成液体，否则会快速渗入到面包片里，很难涂抹均匀，面包也容易变得很油腻。

清新微苦

奶油生菜浓汤

🕑 50分钟　　烹饪时间　　📷 难度 ★★★☆☆

|特色|

生菜味道清新，微微有一点苦味，用它来做浓汤，可以减少油腻感。略炒过的生菜给汤增加了脆嫩的口感，金黄酥脆、蒜香四溢的面包丁，无论在色泽还是口味上，都起到了画龙点睛的作用。

主料：
* 奶油生菜 1 棵   * 吐司 1 片
* 洋葱 1/2 个

辅料：
* 黄油 60 克   * 香葱 1 棵
* 淡奶油 50 毫升   * 大蒜 2 瓣
* 牛奶 100 毫升   * 盐 适量
* 浓汤汤料 1 份   * 黑胡椒碎 少许
* 面粉 50 克

①奶油生菜掰开洗净，选取中间比较鲜嫩的绿色部分切条，其余的切大段。洋葱切成丁。

②香葱的葱绿部分和去皮的大蒜一起剁成末，加入 20 克软化黄油和少许盐，制成蒜蓉黄油。

③蒜蓉黄油涂满吐司片两面，吐司片切丁，放入预热 150℃ 的烤箱，烤到酥脆，取出待用。

④中火加热不粘锅，放入 30 克黄油烧化，放洋葱丁炒香。

⑤放入面粉，将面粉炒到变黄。温牛奶一点点地加入，防止结块，加入浓汤料，补充约 200 毫升热水，煮沸。

⑥放入切成大段的生菜，再次沸腾后煮 15 分钟。将生菜和汤一起倒入搅拌器，彻底打碎成糊状。

⑦打碎的汤倒回锅中，加入淡奶油，加热到即将沸腾时关火，搅拌均匀，加盐调味。

⑧留用的生菜条用 10 克黄油略翻炒，放入生菜汤中拌匀，装碗后撒黑胡椒碎，摆上吐司丁即可。

营养贴士：

奶油生菜的茎叶中含有莴苣素，具有镇痛、催眠、降低胆固醇、缓解神经衰弱的功效。生菜中还含有甘露醇等成分，有利尿和促进血液循环的作用。

烹饪秘笈

翠绿色的蔬菜久煮会变色，所以要留取最鲜嫩的部分，保持住翠绿的颜色，最后放入汤中，给汤提色的同时又增加口感。煮汤时加水的量可以根据个人喜好调节，喜欢汤浓一些就少放水。烤吐司丁加了蒜蓉黄油，有蒜香面包的香气。不加香葱和蒜，只有黄油烤的吐司丁也一样很香脆。

向传统致敬
马赛鱼汤

🕐 **35** 分钟
烹饪时间

🍲 ★☆☆☆☆
难度

主料：

* 巴沙鱼 1 片	* 番茄 1 个
* 大虾 6 个	* 洋葱 1/2 个
* 青口 8 个	* 胡萝卜 1 根
* 鱿鱼圈 适量	* 西芹 适量

辅料：

* 大蒜 4 瓣	* 橄榄油 1 汤匙
* 藏红花 10 根	* 白胡椒粉 1/2 茶匙
* 月桂叶 1 片	* 黑胡椒粉 适量
* 百里香 1/2 茶匙	* 盐 适量
* 干欧芹 1/2 茶匙	* 橙子 1 个

| 特色 |

马赛鱼汤在很多著名的西方文学作品中都出现过。传统的马赛鱼汤要放很多种鱼，又咸又腥，很少国人能接受。现在我们吃到的，都是经过一定改良的，既保留了传统的精髓，又用调料淡化了腥味，味道更鲜美。

烹饪秘笈

月桂叶就是我们平时用的香叶，香气比较重，放一片就好。做这款鱼汤，对食材的限制没有那么严格，但是鱼要选白色鱼肉的海鱼，别选腥味太大的。如果对鱼腥味比较敏感，煮汤时可以放一些白葡萄酒或白兰地。橙皮屑起提味的作用，擦橙皮屑之前一定要把橙皮表面的蜡清理干净。

①巴沙鱼解冻，切成厚片，沥干。大虾去虾须、尖刺，洗净。青口贝内外洗净。鱿鱼圈解冻。

②番茄去皮，切成小丁。胡萝卜去皮，切圆片。洋葱切薄片。西芹切片。大蒜去皮，切片。

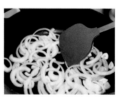

③中火加热炒锅，放入橄榄油。油烧到六成热时下蒜片和洋葱炒香。

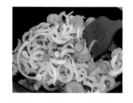

④放入胡萝卜和西芹，翻炒半分钟。放番茄丁，将番茄炒软。

⑤放入藏红花、月桂叶、百里香和干欧芹，加清水，水面高于蔬菜约3厘米。大火煮开后转中火煮约15分钟。

⑥放入巴沙鱼、虾、青口和鱿鱼圈，再次煮沸。沸腾后如果汤量少了，补充适量开水。

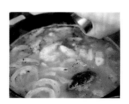

⑦放入白胡椒粉、黑胡椒粉，调入适量盐。确认海鲜熟了即可关火。

⑧用细的礤丝器礤出少许橙皮屑，放入锅中，搅拌均匀即可。

冷热皆惊艳
罗宋汤

🕐 80分钟
烹饪时间

🍲 ★★★☆☆
难度

主料：
* 牛肉 200 克 　　* 土豆 1 个
* 番茄 1 个 　　　* 洋葱 1/2 个
* 胡萝卜 1 根 　　* 芹菜 1 根

辅料：
* 黄油 20 克 　　　　* 香叶 1 片
* 番茄酱 1 汤匙 　　 * 八角 1 个
* 鸡精 1/2 茶匙 　　 * 花椒 1 茶匙
* 意大利混合香草 　　* 大葱 2 克
　1 茶匙 　　　　　 * 姜 2 克
* 黑胡椒粉 适量 　　 * 料酒 1 汤匙
* 盐 适量 　　　　　* 植物油 1 汤匙

特色

罗宋汤，起源于乌克兰。虽然汤里放了牛肉，但是因为含有番茄等蔬菜，所以成品酸甜适口，营养均衡不油腻。如果选用牛腿肉或者牛里脊做，脂肪含量少，炖出的罗宋汤是一款无论冷热都很美味的汤品。

烹饪秘笈

因为做的是汤菜，牛肉占的比重不大，所以切小一点，熟得快一些。做有牛肉的汤，不管是牛肉块还是肥牛片，尽量不要省略焯水的步骤，否则生牛肉一放进去，汤马上就混浊了，而且会让整道汤的颜色都很灰暗。

① 牛肉洗净，切成小方块，焯烫一下后捞出，用温水冲洗干净。香叶、八角、花椒放入调料包。

② 将焯好的牛肉放入小汤锅，加入葱、姜、调料包、料酒和 1 茶匙盐，放适量水，大火烧开后转小火炖牛肉。

③ 番茄去皮，切成小丁。土豆、胡萝卜去皮，切小方块。洋葱切片。芹菜切成 1 厘米左右的小段。

④ 小火加热炒锅，放入一块黄油，将黄油烧化。放入胡萝卜、土豆、芹菜和洋葱，炒到断生。

⑤ 牛肉炖好后关火，取出葱、姜和调料包。将炒好的蔬菜放入。

⑥ 炒锅中加入植物油，中火将番茄丁炒到软烂，加番茄酱和意大利混合香草，炒匀。

⑦ 将炒好的番茄糊倒入汤锅中，搅拌均匀，继续煮 20 分钟。

⑧ 将牛肉汤煮到比较浓稠，加鸡精、黑胡椒粉和盐调味即可。

第三章

主菜篇

银幕中的记忆

红酒炖牛肉

🕐 **3 小时**
烹饪时间

🍲 ★★★★★
难度

|特色|

电影《朱莉与朱莉娅》里有一道令人印象深刻的菜——红酒炖牛肉。完全依照电影里介绍的方法做，对厨房环境的要求太高。可是又想吃怎么办？结合中式炖肉的做法简化一下，保留精髓，让经典的法国菜在中国的餐桌上平稳着陆。

主料：
* 牛腩 1 千克
* 培根 4 条
* 胡萝卜 2 根
* 口蘑 20 个
* 番茄 1 个
* 洋葱 1 个

辅料：
* 意大利混合香料 2 茶匙
* 盐 2 茶匙
* 红酒 120 毫升
* 黑胡椒粉 1/2 茶匙
* 油 1 汤匙

①将牛腩冲洗干净，沥干水分，再用厨房纸擦干，切成边长约 4 厘米的肉块。

②胡萝卜去皮切滚刀块。番茄切滚刀块。洋葱切成大片。口蘑去蒂。培根切成宽条。

③小火加热炒锅，放 1 汤匙油，油温热后下培根条，煸炒出油分后将培根捞出。油留在锅里。

④转中火，将油烧到开始冒烟，分几次下牛肉块煎，将牛肉块全都煎到表面发焦后盛出待用。

⑤保持中火，把口蘑都煎炒一遍后盛出。用锅中的油再炒一下胡萝卜和洋葱。

⑥将牛肉和煎过的培根放入汤锅中，加入红酒、番茄、意大利香料，加适量水，加盖炖煮 1.5~2 小时。

⑦炖到牛肉能咬得动时，放入胡萝卜、洋葱和口蘑，加入约 2 茶匙盐，继续炖煮半小时。

⑧煮到汤汁浓厚、蔬菜软烂，加入黑胡椒粉，搅拌均匀即可。

营养贴士：

葡萄酒是碱性酒精性饮品，可以中和鱼、肉以及米、面类酸性食物，降低血中的不良胆固醇，促进消化。红葡萄酒中含有较多的抗氧化剂，因此具有抗老防病的作用。

烹饪秘笈

这种炖牛肉的方法没有提前焯水，是因为生牛肉煎过后表面已经熟了，会锁住里面的肉汁，让牛肉更鲜嫩多汁。如果不习惯，提前焯水也没问题。培根的加入增加了油脂，会让牛肉更滋润，炖好之后不干不柴，热别是在炖煮比较瘦的牛肉时，加培根的效果更明显。

俄式西餐霸主

罐焖牛肉

🕐 **80**分钟
烹饪时间

🍲 ★★★★★
难度

| 特色 |

罐焖牛肉是俄式餐厅的招牌菜，特别是大名鼎鼎的莫斯科餐厅。小小一罐，热气腾腾，肉香浓郁。其实这个菜做起来并没有那么神秘，家里制作肯定不能追求高级餐厅的水准，但是可以尽量去模拟，简化步骤，保留基础的味道。

主料：

* 牛腩 300 克	* 洋葱 1/2 个	* 鸡蛋 1 个
* 胡萝卜 1 根	* 口蘑 8 个	
* 土豆 1 个	* 原味手抓饼 2 张	

辅料：

* 生番茄酱 2 汤匙	* 黑胡椒粉 1/2 茶匙	* 桂皮 适量
* 面粉 2 汤匙	* 啤酒 1 罐	* 花椒 1 茶匙
* 黄油 20 克	* 葱 3 克	* 八角 1 个
* 鸡精 1 茶匙	* 姜 3 克	* 盐 适量
* 欧芹碎 1 茶匙	* 香叶 1 片	

① 牛腩洗净，切块，焯水，洗掉血沫，沥干待用。

② 胡萝卜、土豆去皮，切滚刀块。洋葱切大片。葱切段，姜切片。口蘑去蒂。桂皮、香叶、花椒、八角放入调料包。

③ 将牛腩、葱、姜、调料包和 1 茶匙盐放入高压锅，加入啤酒，补充适量水，使液面刚好没过牛肉，将牛肉压熟。

④ 煮好的牛肉去掉调料，放入汤锅，加胡萝卜、土豆、洋葱和口蘑，煮到蔬菜软烂。将蔬菜和牛肉与汤汁分离。

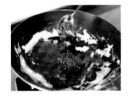

⑤ 小火加热炒锅，放入黄油烧化，放入面粉翻炒。加番茄酱、鸡精和欧芹碎，炒匀。

⑥ 倒入牛肉汤，加入黑胡椒粉，调入适量盐，将汤汁收到浓稠，成为牛肉浓汤。烤箱 180℃预热。

⑦ 将蔬菜牛肉放入耐热烤罐，浇上熬好的牛肉浓汤，使汤浸没大部分食材。

⑧ 在罐口刷蛋液，盖上一张手抓饼，饼表面再刷一层蛋液。放入预热好的烤箱中下层，烤 10~15 分钟即可。

营养贴士：

牛腩即牛腹部以及靠近牛肋处的松软肌肉，是指带有筋、肉、脂肪的肉块，是一种统称。因为脂肪和胆固醇含量较高，老人、儿童和消化力弱的人不宜多吃。

烹饪秘笈

这款菜谱中用到了高压锅，虽然换锅有点麻烦，但高压锅的优点就是炖肉的汤比较清澈，而且熟得快。用高压锅炖肉不失水，还方便控制汤量。做这种最后需要收汤的菜，水加到刚好的量就够了，水多了，汤的味道难免寡淡。水适量，可以让食材的味道完全溶在汤里不流失。

静心烹制的美味

红烩牛肉

 2 小时　　 ★★★☆☆

| 特色 |

红烩牛肉这种菜品，是不用将汤汁收得太干的，因为最后一定会用面包把盘子都擦干净。慢工出细活，真正的美味绝对对得起你为它所付出的时间。用一个下午，捧一本书，开着小火，静下心，慢慢煮一道美食。

主料：

* 牛腩 300 克　　* 番茄 2 个　　　* 红酒 100 毫升
* 胡萝卜 1 根　　* 洋葱 1 个

辅料：

* 大蒜 4 瓣　　　* 八角 1 个　　　* 番茄酱 2 汤匙
* 百里香 2 茶匙　* 花椒 1 茶匙　　* 盐 1 茶匙
* 黑胡椒粉 1 茶匙　* 香叶 1 片　　　* 橄榄油 1 汤匙
* 葱 3 克　　　　* 辣椒粉 适量
* 姜 3 克　　　　* 鸡精 1 茶匙

①牛腩洗净，切成小块。汤锅中放冷水，放入牛腩。放花椒、八角，大火煮开，撇去血沫。

②将焯烫好的牛腩捞出，重新放入汤锅，加红酒和适量清水，加香叶、葱和姜，大火烧开后转中小火炖肉。

③胡萝卜去皮，切成较小的滚刀块。番茄去皮，切小块。洋葱去老皮，切小片。大蒜切成小粒。

④中火加热炒锅，倒橄榄油，油温热后放入胡萝卜块翻炒到变色。再放入洋葱片，炒到油亮。将洋葱和胡萝卜盛出。

⑤锅中留底油，小火炒香蒜粒。放入番茄，转中火炒到番茄变软。

⑥放百里香、番茄酱和辣椒粉，翻炒均匀。将炖到八成熟的牛肉捞入，放洋葱和胡萝卜块。

⑦加入炖牛肉的汤，使汤面刚好没过食材，中火炖煮到胡萝卜变软，汤汁变浓稠。

⑧加入黑胡椒粉，调入盐和鸡精，搅拌均匀即可出锅。

营养贴士：

红烩这种做法，利用长时间的炖煮让蔬菜充分软烂，不对胃造成负担，更易被消化吸收。不添加刺激性的调料，是一种适合各个年龄层人群的烹饪方法。

烹饪秘笈

红烩牛肉是西式菜品，尽量少用中式调料去影响它的味道，所以在焯水时加了花椒、八角等调料，正式开始炖肉时这些调料都没有用。牛肉块别切得太大，更易熟，易入味。

原汁原味
黑椒牛排

🕐 **30** 分钟
烹饪时间

🍲 难度 ★★★☆☆

| 特色 |

常有人说煎牛排十分考验一个人的西餐厨艺功底，看起来简单，做好了不容易。其实只要选好了牛肉，没有那么复杂，肉好，放最简单的调料，吃牛肉的原味。最重要的是，别煎老了！

主料：

* 牛排 2 块
* 芦笋 8 根
* 口蘑 8 个
* 洋葱 1/2 个
* 大蒜 3 瓣

辅料：

* 红葡萄酒 50 毫升
* 黄油 20 克
* 盐 适量
* 黑胡椒碎 适量
* 植物油 适量

① 牛排自然解冻到室温。在表面撒上少许盐和黑胡椒碎。牛排保持室温，在煎的时候受热更均匀。

② 芦笋切去老根，冲洗干净。口蘑去蒂，切成两半。洋葱取鲜嫩的部分，切成末。大蒜去皮，剁成小粒。

③ 大火加热平底煎锅，将锅烧到开始冒烟后放入黄油。晃动锅，使黄油快速融化。

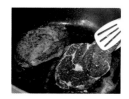

④ 将两块牛排同时放入。一面煎到开始渗出血水后，翻面煎另一面。

⑤ 将另一面煎约 1 分钟，煎到牛排表面变色即可出锅，装盘。

⑥ 将洋葱和蒜粒倒入锅中，翻炒均匀。如果锅中油太少可以适量补充。

⑦ 倒入红酒，加入黑胡椒碎和盐，烧到浓稠，趁热浇到牛排上。

⑧ 快速将锅洗净，加入适量植物油，煎一下芦笋和蘑菇。煎好后摆在牛排旁边即可。

营养贴士：

牛排根据选材部位不同，口感上有很大差异，但共同点是，几乎都不会煎至全熟。选择菲力等脂肪含量很低的牛排，口感软嫩，蛋白质丰富，是减脂增肌的好选择。

烹饪秘笈

选牛排时，尽量选择厚一些的，太薄的牛排不管怎么控制时间，都容易一下煎透，易老，吃不出牛排熟度的区别。煎牛排要大火快煎，快速将表面煎熟，锁住内部的肉汁。尽量选择厚一点的锅，放入牛排后锅还能保持温度。蔬菜要提前准备好，煎好牛排快速做配菜，别把牛排放凉了。

口袋面包

孜然牛肉皮塔饼

🕐 **2** 小时
烹饪时间

🍲 ★★★★★
难度

| 特色 |

这种源于中东的小圆饼好吃又好玩。做皮塔饼最有趣的就是看到小圆饼在烤箱里鼓起来的样子，看到扁扁的面片越涨越大，直到涨成一个圆乎乎的、中空的小球，看着跟一个口袋似的，所以，也难怪它会被称呼为"口袋面包"了。

主料：

* 高筋面粉 220 克
* 盐 5 克
* 水 100 毫升
* 绵白糖 10 克
* 干酵母 5 克
* 橄榄油 1 汤匙

辅料：

* 牛里脊 200 克
* 孜然粉 1/2 茶匙
* 洋葱 1/4 个
* 淀粉 2 茶匙
* 生菜 适量
* 盐 适量
* 生抽 2 茶匙
* 油 适量
* 孜然粒 1 茶匙
* 老抽 1 茶匙

①高筋面粉中加入水、干酵母、盐、绵白糖和橄榄油，放入面包机，将面揉至能拉出大片筋膜的程度。

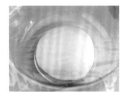

②揉好的面团滚圆，盖保鲜膜，放在温暖处发酵到 2~2.5 倍大。

③牛里脊切条，洋葱切粗条。牛肉中加入老抽、生抽、孜然粉、孜然粒、淀粉和适量盐，抓拌均匀。

④中火加热平底锅，锅热后放入适量油，下牛肉条和洋葱条翻炒到牛肉变色，盛出待用。

⑤发好的面团取出按压排气，平均分成 6 份，每份揉圆，盖保鲜膜，松弛 15 分钟。

⑥烤盘上刷橄榄油，放入烤箱，烤箱230℃预热。将松弛好的面团擀成直径约 12 厘米的圆饼。

⑦擀好的圆饼放入预热好的烤箱，快速关上门，烤到圆饼鼓起后继续烘烤半分钟，直到饼皮呈浅黄色。

⑧烤好的皮塔饼取出，切开口，塞入炒好的洋葱牛肉和洗净的生菜即可。

营养贴士：

牛肉蛋白质含量高，脂肪含量较低，但是牛身上的大部分肉质较硬。牛里脊是牛身上最软嫩的部分，脂肪含量低，非常易熟，容易被消化吸收。

烹饪秘笈

制作成功的皮塔饼即使冷掉也是柔软的，如果凉了就脆了可能是烘烤时间过长，再做的时候就把烤制时间缩短一些。烤饼的时候温度一定要够，把擀好的面饼放在滚烫的烤盘上，饼才能鼓起来，所以动作一定要快。

汁多味美

奶酪菠菜牛肉卷

🕒 **70**分钟
烹饪时间

🍲 难度 ★★★★★

|特色|

融化的奶酪渗入到菠菜中，被牛肉片紧紧地包裹住，口味融合在一起。裹了面粉的牛肉卷，煎过之后表面会有一层薄薄的面衣，浸润在洋葱汤里，牛肉和面衣充分吸收汤汁的精华。这是一道在营养和口味上都无法质疑的美味。

主料：

* 肥牛切片 250 克 　　　* 奶酪片 4 片
* 菠菜 100 克 　　　　　* 洋葱 1/2 个

辅料：

* 黑胡椒粉 1/2 茶匙 　　* 面粉 50 克
* 盐 1 茶匙 　　　　　　* 橄榄油 2 汤匙
* 红葡萄酒 100 毫升 　　* 鸡精 1/2 茶匙

①肥牛片自然解冻。奶酪片切成短宽条。洋葱去老皮，切成粗条。

②菠菜去根、洗净，放入沸水中汆烫 30 秒，捞出，挤干水分，切成 5 厘米长的段。

③中火加热炒锅，烧热后放入橄榄油，下洋葱条炒成褐色。

④加入黑胡椒粉和鸡精，炒匀。然后加入红酒，煮到酒气挥发。加少量水，煮10分钟以上，煮成洋葱汤底。

⑤取适量菠菜和奶酪条，放在牛肉片最上面的一片上，从一端开始卷，将菠菜奶酪卷起来，尽量卷紧。

⑥卷好的牛肉卷在面粉里裹一圈，接口处向下直接放在平底锅里，码好。

⑦开中火，将牛肉卷煎到变色，表面微焦。加 2 汤匙红酒，煮到酒气挥发。

⑧倒入洋葱汤，加盐，煮 3 分钟，煮到汤汁变少即可装盘。

营养贴士：

这道菜富含蛋白质、维生素和碳水化合物，在保证美味的同时，多种食材一起被摄入，营养更均衡，更容易被身体吸收。

烹饪秘笈

买牛肉时，不要买平时涮火锅的那种肥牛卷，肉片太薄，不好操作。买那种厚一些，一片一片整齐地摆在一起的原切牛肉片。这种牛肉肥瘦相间，解冻后很软，易碎，最好不要移动它，把蔬菜放在最上面一片上，卷好之后再拿开，那样卷好的肉卷更整齐漂亮。如果买不到这种牛肉片，可以用瘦牛肉切成大片，用肉锤敲薄来制作。

简单有新意

香草鸭腿

🕐 **40**分钟　烹饪时间　　🍲 难度　★☆☆☆☆

| 特色 |

鸭肉有种腥味，而且鸭皮脂肪多，这两个特点常让厨房新手望而却步。其实处理好了，所谓的"缺点"都能变成"特色"。家中的混合香草用不完时，买回几条鸭腿，加上简单的调料抓揉按摩，比卤鸭腿要简单很多哦。

主料：
* 鸭大腿 2 个

辅料：
* 烧烤酱 2 汤匙
* 意大利混合香草 1 茶匙
* 料酒 1 汤匙
* 蜂蜜 1 茶匙
* 盐 适量

①鸭腿冲洗干净，沥干水分，剪掉多余的脂肪，用牙签在鸭肉上扎些小孔，不要扎鸭皮，否则烤的时候容易破。

②鸭腿放入盆中，加入全部的调料，用手抓揉按摩鸭腿 1 分钟，让调料裹匀。

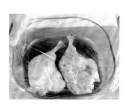

③将鸭腿放在密封容器中，或者盖上保鲜膜，放入冰箱冷藏过夜。

④腌制好的鸭腿取出，在鸭腿末端，用一小块锡纸裹住露出的骨头，防止烤焦。烤箱预热200℃。

⑤将鸭腿放在烤盘上，皮向上。在表皮上刷上碗里剩余的酱汁，再撒上一些意大利混合香料。

⑥将烤盘放入预热好的烤箱，烘烤 15 分钟。

⑦将烤盘取出，给鸭腿翻面，继续烘烤15分钟。挨着烤盘的一面传热更快，翻面熟得更均匀。

⑧再给鸭腿翻一次面，皮向上，刷一次烧烤汁，让鸭皮油亮，烤到皮上色即可。

营养贴士：

鸭肉营养丰富，尤其夏秋季节食用，可温和地补充因暑热消耗的营养。鸭皮的脂肪含量很高，炙烤的方式可以排出多余的油脂，更清爽健康。

烹饪秘笈

鸭腿的肉比较厚，要腌制时间长些才能入味，最好提前一天腌制。刷酱汁是为了让鸭腿烤出来油亮好看，也可以刷少许蜂蜜水，但是不要太多，把鸭腿刷成甜的味道就不对了。也可以用别的烤鸡翅腌料代替烧烤酱，用味道淡一点的，不要盖过混合香料的味道。

甜蜜肉香
蜂蜜烤鸭胸

🕐 **50**分钟
烹饪时间

🍲 ★☆☆☆☆
难度

| 特色 |

鸭胸无骨，肉质嫩，蛋白质含量高，经过烘烤之后依旧能保持鲜嫩多汁。鸭皮虽然脂肪含量较高，但经过烤制，大部分油脂析出，保留了鲜嫩的口感。添加蜂蜜进去，令烤过的鸭胸肉通体油亮，让人忍不住食指大动。

主料：

* 鸭胸肉 2 块　　　* 土豆 2 个

辅料：

* 蜂蜜 1 汤匙　　　* 生抽 2 汤匙
* 迷迭香 2 茶匙　　* 盐 1 茶匙
* 黑胡椒碎 1 茶匙

①鸭胸肉冲洗干净，在鸭皮上切网格纹。土豆去皮，切大滚刀块，浸泡在清水中防氧化。

②将除迷迭香以外的调料混合均匀成调料汁，涂抹在鸭胸肉表面，将鸭胸肉密封起，腌制 2 小时以上。

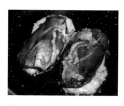

③中小火加热不粘平底锅，将鸭皮面朝下，放入锅中煎，两块鸭胸肉同时煎。

④煎到表面微焦出油后，翻面煎另一面，煎到两面定形。

⑤煎好的鸭胸取出待用。将土豆沥干水，放入平底锅，加入迷迭香，利用煎出的鸭油翻炒一下土豆。

⑥烤箱预热 200℃，烤盘上垫油纸。将翻炒过的土豆铺在烤盘上，尽量放得集中些，但不要重叠。

⑦将煎好的鸭胸肉放在土豆上，鸭皮面向上。将烤盘放入预热好的烤箱中上层，烤 10 分钟。

⑧烤好后将鸭胸肉切厚片，装盘，旁边摆上土豆即可。

营养贴士：

鸭肉和土豆都有较高的营养价值，单独食用时，鸭皮较油腻，土豆较干涩，将两者结合在一起，互相弥补，保证营养成分不流失的同时又提升了口感。

烹饪秘笈

鸭皮上切花刀，将鸭皮切断，除了更易入味，还能让鸭胸在煎烤的过程中不过分收缩，成形更好看。虽然烤制过程中鸭肉也会出油，但提前将鸭肉煎一下，利用煎出的鸭油翻炒土豆，能让油分和调料的味道在土豆上裹得更均匀，使土豆更不易粘，更入味。油纸可以替换成锡纸，但是锡纸上一定要涂足够的油。

高蛋白低脂肪
蒜香鸡排

🕐 **40分钟**　烹饪时间　　🍲 难度　★★★☆☆

|特色|

鸡胸是个好东西, 高蛋白低脂肪, 料理起来又简单。不裹面衣, 不多放油, 简单的调料, 清新的味道。

主料:
* 鸡大胸 1 块   * 圣女果 6 个
* 西蓝花 适量

辅料:
* 蒜 5 瓣   * 油 2 茶匙
* 蜂蜜 1 茶匙   * 烧烤料 2 茶匙
* 黑胡椒粉 1/2 茶匙   * 鸡精 1 茶匙
* 盐 1/2 茶匙

① 将鸡胸肉剔去多余脂肪, 剥掉筋膜, 用刀片成均匀的两片, 将边缘修剪整齐。

② 将鸡胸肉上的筋用剪子剪断几截。用刀背将肉拍松些, 不要拍得太扁, 太薄的肉煎过之后口感不好。

③ 大蒜去皮、去蒂, 切成均匀的小粒。西蓝花掰散, 放入水中焯熟。圣女果洗净, 对半剖开。

④ 将蜂蜜、油、黑胡椒粉、烧烤料、盐、鸡精和蒜粒放入小碗中, 搅拌均匀成腌料汁。

⑤ 将腌料汁浇在鸡胸肉上, 抓匀, 密封腌制20 分钟以上。料汁比较少, 密封一下鸡肉表皮不会干。

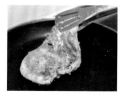

⑥ 平底锅烧热, 锅中抹少许油。腌好的鸡胸肉抖掉表面蒜粒和料汁, 放入锅中煎至两面微微发黄。

⑦ 煎好的鸡排取出, 略放凉, 用快刀切成宽条, 装盘。摆上西蓝花和圣女果。

⑧ 锅中留底油, 放入腌料汁, 炒出香味, 淋在鸡排上即可。

营养贴士:

鸡胸肉以其高蛋白、低脂肪的特质备受健身人群的青睐, 但是鸡胸肉因为油脂含量少, 口感很干。用更科学的烹调方式处理, 才能使其变成美味的食品。

烹饪秘笈

最后的烧汁过程, 主要是为了把蒜粒炒熟, 所以略炒一下就可以。蒜粒如果跟鸡排一起煎比较容易煳, 而且鸡排表面会变得不平整。这款鸡排除了用鸡胸肉, 还可以用鸡腿肉来制作。煎的时候先煎有皮的一面, 鸡腿肉更软嫩多汁, 虽然处理更复杂一些, 也是不错的选择。

进阶版鸡翅

迷迭香烤鸡翅

40分钟
烹饪时间

难度 ★☆☆☆☆

| 特色 |

吃惯了黑椒的、麻辣的、奥尔良的种种"基础版"的烤鸡翅，可以偶尔换个"进阶版"。迷迭香是西餐中很常见的香料，因为它气味清香，因此除了做调料，还可以做香料。试试看，用迷迭香腌制过的鸡翅会拥有格外迷人的香味。

主料：
* 鸡翅中 10 个

辅料：
* 大蒜 4 瓣
* 干白 1 汤匙
* 干迷迭香 1/2 茶匙
* 蜂蜜 2 茶匙
* 黑胡椒粉 少许
* 蚝油 2 茶匙
* 盐 1 茶匙

①大蒜去皮、去根，切成薄片。迷迭香如果颗粒比较长，可以用刀切碎，腌制时可以分布更均匀。

②干白中加入蒜粒、迷迭香、黑胡椒粉、蜂蜜、蚝油和盐，搅拌均匀，让调料的味道融合。

③鸡翅冲洗干净，充分沥干水分。过多的水分会让腌料的味道变淡，所以要尽量保持鸡翅表面干爽。

④用刀在鸡翅正反两面各划开两刀，将皮肉划破，方便入味。

⑤在鸡翅中加入拌好的调料汁，用手抓揉按摩1分钟，使调料将鸡翅充分裹匀。腌制2小时以上。

⑥烤箱 200℃ 预热。烤盘垫锡纸或油纸，腌好的鸡翅均匀码在烤盘上。油纸完全不粘，锡纸上最好刷一层油防粘。

⑦烤箱预热完成后将烤盘放入中层，200℃ 烘烤 15 分钟。

⑧将烤盘取出，给鸡翅翻面，继续烤约10分钟。出锅前再翻一次面，烤5分钟，烤到鸡翅两面金黄即可。

营养贴士：

鸡翅因为口感好而被喜爱，但鸡皮油脂含量高。用烘烤的方式将多余的油分析出，只保留鸡皮胶质的口感，同时锁住肉汁，是一种更健康地享用鸡翅的烹调方法。

烹饪秘笈

菜谱中使用了更易买到的干迷迭香，为了让它的味道充分散发，先把调料汁调好，让迷迭香的味道渗透到干白中，然后再一起裹在鸡翅上。烤鸡翅时，可以用烤盘也可以用烤网，用烤网可以不用给鸡翅翻面，多余的油分也能充分析出，但是用过之后较难清洗。用烤盘垫锡纸或油纸的做法更易清理，缺点是烤好的鸡翅会浸在油里，装盘时最好将油沥干不要。

欲罢不能

墨西哥鸡肉卷

🕐 **40**分钟
烹饪时间

🍲 ★★★☆☆
难度

| 特色 |

曾经是"卖炸鸡的外国老爷爷"家的热卖食品,下架那段时间很多人大呼可惜。事实上墨西哥卷饼更多的是卷牛肉、猪肉,卷鸡肉的很少,鸡肉卷算是改良食品。那又有什么关系?好吃就够了。

主料:
* 鸡大腿 1 个
* 墨西哥卷饼 2 张
* 奶酪片 2 片
* 番茄 1/2 个
* 大叶生菜 2 片
* 黄椒 适量
* 牛油果 1/2 个

辅料:
* 凯撒沙拉酱 适量
* 烤鸡腌料 适量
* 植物油 适量

①鸡大腿去骨,去皮,去掉多余脂肪,加烤鸡腌料,腌制 2 小时以上。

②黄椒、番茄和牛油果处理好,切长粗条。大叶生菜洗净,甩干水分。奶酪片对半切开成两条。

③中火加热平底锅,锅热后放入卷饼,加热一下,使饼恢复柔软。软了就好,别烤脆了。

④锅中放入适量植物油,放入鸡腿肉,一面定形后翻面,将鸡肉煎熟。

⑤煎好的鸡腿肉取出,略放凉,用快刀切成粗条待用。切的时候垂直鸡肉纤维,食用时才更易咬断。

⑥将卷饼平放,上面放一片长生菜,摆上两片切好的奶酪。

⑦在奶酪上均匀地码上牛油果、番茄和黄椒,挤上凯撒沙拉酱,蔬菜多,酱可以略多一些。

⑧放上鸡腿肉,用两手拇指和食指捏住饼边,其余手指顶住馅料,将饼卷起来即可。

营养贴士:

在现代饮食中,淀粉类主食的比重在减少,人们更倾向于多吃蔬菜和健康的肉类。卷饼刚好满足这种需求。薄薄的饼皮包裹了大量蔬菜和低脂肉类。

烹饪秘笈

墨西哥卷饼一般超市都有销售,像我们的春饼,但是比较大,也更柔软。不管是冷冻的还是冷藏的,凉的都比较硬,卷的时候容易断裂,吃着口感也差,所以用之前要加热回温一下。如果觉得自己做鸡腿肉麻烦,可以买市面上的速冻炸鸡柳,卷之前炸一下就好。

治愈系美食

香草奶酪鸡排

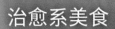

🕐 45 分钟　烹饪时间 ｜ 🍲 难度 ★★★☆☆

100

| 特色 |

能把炸鸡排和奶酪结合在一起的，应该是狂热地爱着这两种食物的天才！如此治愈系的美食，一定能帮你驱赶掉一切负能量。

主料：
* 鸡大胸 1 块　　　* 鸡蛋 2 个

辅料：
* 炸鸡腌料 2 茶匙　* 奶酪粉 2 汤匙
* 意大利混合香草　* 面包糠 适量
　2 茶匙　　　　　* 面粉 50 克
* 盐 适量　　　　　* 油 适量

①鸡大胸冲洗干净，撕掉表面筋膜，用快刀片成厚度均匀的两片，用刀背拍松待用。

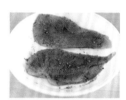

②将炸鸡腌料中加入盐和1.5茶匙意大利混合香草，搅拌均匀后在鸡肉片上抹匀，腌制1小时以上。

③将腌好的鸡排平放，在两面撒上奶酪粉（留少许备用）。奶酪粉在腌制之后再放，分布得更均匀还不容易浪费。

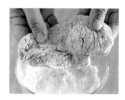

④将鸡排在面粉中蘸一下，两面都蘸好后抖掉多余面粉，留下薄薄一层就好。

⑤再将鸡排在打散的蛋液中蘸一下，然后裹上面包糠。将两块鸡排都裹好。

⑥炒锅中放入足量油，将油锅烧到七成热，放入少许面包糠试油温，面包糠周围冒小泡泡油温就够了。

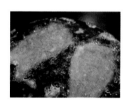

⑦将鸡排放入，保持中火，将两面都炸成金黄色。火别太大，容易将鸡排炸得颜色过深。

⑧鸡排沥干多余油分，用快刀切成宽条，装盘。在表面撒少许奶酪粉和剩余意大利混合香草装饰。

营养贴士：

煎炸食品酥脆可口，但是热量不容忽视。想要降低其热量，在开始炸之前准备几张厨房纸巾，食品炸好后先沥干油分，再平铺上去吸油，便能减少一部分热量。

烹饪秘笈

用鸡胸肉做炸鸡排，一定不能省略将肉拍松的步骤。鸡胸肉不像鸡腿肉那么多汁，不处理一下，做好之后又干又柴。自家做炸鸡排，不管做什么口味的，都可以用一些市面上销售的炸鸡或烤鸡腌料，给鸡肉加个底味。这种腌料的味道有层次不单调，如果担心喧宾夺主，可以少放些，适当补充些盐就好。

滑嫩多汁

烤春鸡

🕐 **60** 分钟
烹饪时间

难度 ★★★☆☆

| 特色 |

烤春鸡是一道法式菜品，表皮酥脆弹牙，鸡肉鲜嫩多汁。在鸡肉烤制的过程中，渗出的汤汁滴落到垫底的蔬菜上，滋润了蔬菜，还减少了鸡肉的油腻，吃起来肉质更清爽。

主料：
* 三黄鸡 1/2 只
* 土豆 1 个
* 胡萝卜 1 根
* 洋葱 1/2 个

辅料：
* 柠檬 1/2 个
* 大蒜 3 瓣
* 干迷迭香 2 茶匙
* 黑胡椒碎 1 茶匙
* 盐 1 茶匙
* 黄油 20 克
* 黑胡椒粉 适量

①将鸡去掉头、鸡爪和鸡屁股，冲洗干净后沥干待用。为了不稀释调料，腌制肉类时水分要尽量沥干。

②大蒜去皮、去根，切成蒜末。柠檬挤出汁。将柠檬汁、迷迭香、蒜末、盐和黑胡椒碎混合均匀成腌料汁。

③将腌料汁均匀地涂抹在鸡肉表面，里外都要抹到。然后将鸡放入密封容器，冷藏过夜。

④土豆、胡萝卜去皮，切滚刀块。洋葱去老皮，切大片。

⑤小火加热炒锅，放入黄油烧化。转中火，放入全部蔬菜，加少许黑胡椒粉和盐，翻炒到蔬菜表面油亮。

⑥将炒好的蔬菜铺在较深的烤盘中。如果担心用过不好清洗，可以在烤盘里垫一张锡纸。

⑦将头天腌好的鸡平放在蔬菜上，鸡皮向上。烤箱预热 200℃。

⑧在鸡皮表面再撒少许迷迭香和黑胡椒碎，连同烤盘一起放入预热好的烤箱，烘烤约 30 分钟，烤到鸡皮焦黄即可。

营养贴士：

三黄鸡体积小，肉质细嫩，脂肪丰满，富含蛋白质、磷脂、维生素 A 及多种矿物质。烤制之后，多余脂肪析出，收紧的鸡皮却能保持鸡肉的鲜嫩多汁，锁住了营养不流失。

烹饪秘笈

因为普通家用烤箱容积都不会太大，所以菜单给出的是烤半只鸡的量，如果烤整鸡，调料量翻倍就好。烤整鸡时，注意中间要给鸡翻面，这样受热更均匀。提前炒一下垫底的蔬菜是为了给蔬菜加个底味，蔬菜裹满黄油，除了增加香气，有油脂的滋润也不容易粘在烤盘上。

拿得出手的主菜
鸡肉焗意粉

⏱ 烹饪时间 45 分钟

🍲 难度 ★ ★ ★ ☆ ☆

主料：
* 螺旋意面 60 克
* 洋葱 1/2 个
* 鸡琵琶腿 1 个
* 西蓝花 40 克

辅料：
* 牛奶 200 毫升
* 盐 1 茶匙
* 黄油 30 克
* 料酒 2 茶匙
* 面粉 2 汤匙
* 白胡椒粉 少许
* 黑胡椒粉 1/2 茶匙
* 鸡精 1/2 茶匙
* 马苏里拉奶酪碎 100 克
* 植物油 2 茶匙
* 干欧芹碎 少许

| 特色 |

"焗"，有着让一切简单料理华丽变身的神奇力量。西餐中的焗通常是加了奶酪的，而且用的是会拉出丝的马苏里拉奶酪。这样的做法，能让简单的饭或者面看起来更像一道非常拿得出手的主菜。

烹饪秘笈

这款菜谱做出的意面奶香味重，有一点点黏腻，如果不喜欢这么厚重的口味，炒白酱时可以减量，让炒好的意面更清爽。如果相反，特别喜欢奶汁和奶酪的味道，在炒白酱时可以再加一些片状奶酪或者奶酪粉。任何菜肴的口味，都是可以在食谱的基础上根据自己的爱好调整的。

①鸡腿肉从骨头上剔下来，去掉鸡皮，切丁。加料酒、白胡椒粉和少许盐抓匀，腌制15分钟。

②西蓝花去掉大梗，切成小朵，冲洗干净。洋葱去根、去老皮，切成细丝。

③烧一锅开水，水沸腾后下西蓝花焯烫，捞出。然后煮螺旋意面，煮到稍稍硬一点的程度。

④中火加热炒锅，锅热后放入植物油，下腌制好的鸡腿丁炒到变色。

⑤放西蓝花和洋葱丝，翻炒到洋葱丝变软，加鸡精，拌匀后盛出。将锅洗干净。

⑥中火加热炒锅，放入黄油，融化后放入面粉炒黄。分次加入牛奶并不断搅拌，炒成白酱。

⑦烤箱预热180℃。将炒好的蔬菜和意面放入白酱中，加黑胡椒粉和盐，拌匀后放入烤碗。

⑧在意面上铺一层奶酪碎，撒少许欧芹碎，放入烤箱中层，烘烤约15分钟至奶酪融化微焦即可。

奶味海鲜
奶酪焗扇贝

⏱ 烹饪时间 **45 分钟**

🍲 难度 ★★★★★

主料：
* 扇贝 6 个
* 洋葱 1/4 个
* 胡萝卜 1/4 根
* 口蘑 4 个

辅料：
* 马苏里拉奶酪碎 60 克
* 黄油 20 克
* 面粉 2 汤匙
* 牛奶 50 毫升
* 盐 1/2 茶匙
* 黑胡椒粉 1/4 茶匙
* 白兰地 1 汤匙
* 大蒜 3 瓣

| 特色 |

仅仅在扇贝上加奶酪，口感难免有些单调，添上浓厚的蔬菜白酱，奶香加倍，同时锁住扇贝的汁水，一口咬下去，备感满足。

烹饪秘笈

烤扇贝的时候温度不要太高，容易把表面的奶酪烤干。温度稍微低一些，放在烤箱靠下的位置，让奶酪层距离加热管远些，烘烤时间不要太短，让热度可以透过奶酪和白酱两层，传递给扇贝肉，将扇贝肉烤熟。如果担心扇贝肉烤不透，可以提前将扇贝肉焯一下水，但是这样会损失一部分扇贝的鲜味。

①扇贝肉与壳分开，冲洗干净，沥干水分。在扇贝肉中加 1 汤匙白兰地腌制 15 分钟。

②胡萝卜去皮，洋葱去根去老皮，口蘑去蒂，三种蔬菜切成相似大小的小粒。大蒜去皮切末。

③小火加热炒锅，锅热后放入黄油，将黄油烧化。黄油冒泡时放入大蒜，炒出香味。

④放入全部蔬菜粒、黑胡椒粉和盐，转中火，炒到蔬菜变软。加入牛奶，炒匀。

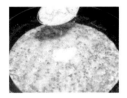   

⑤放入面粉，拌匀。翻炒到蔬菜与牛奶、面粉混合成为黏稠的蔬菜白酱，关火待用。

⑥扇贝肉放回壳上，在扇贝肉上放适量蔬菜白酱，将酱表面大致抹平。6 只扇贝都组装好。

⑦烤箱预热180℃。在组装好的扇贝肉上铺上一层马苏里拉奶酪碎，将扇贝放在烤盘上。

⑧将扇贝连同烤盘一起放入烤箱中下层，烘烤约 20 分钟，烤到奶酪表面微焦即可。

简约异国风

白葡萄酒煮贻贝

🕐 **25**分钟
烹饪时间

🍲 ★☆☆☆☆
难度

| 特色 |

贻贝，又叫青口，很多地方有个更通俗的名字——海虹。贻贝本身并不贵，但是进到西餐厅，身价就猛蹿。除了对付海鲜最简单的办法白灼之外，更换一部分调料，步骤并不复杂多少，做出来的却有异国风味。

主料：
* 贻贝 1000 克

辅料：
* 洋葱 1/2 个
* 牛奶 1 汤匙
* 蒜 4 瓣
* 黄油 20 克
* 白葡萄酒 300 毫升
* 意大利混合香料 1 茶匙

①将贻贝浸泡在淡盐水中 2 小时以上，吐净泥沙。用软毛刷子将贝壳表面刷洗干净，浸泡在清水中待用。

②洋葱去根、去老皮，切丝。大蒜去皮，切片。

③中小火加热小汤锅，锅中放入黄油。汤锅的底比较平，在煮贻贝时受热更均匀。

④黄油冒小泡泡的时候放入蒜片，炒出香味。

⑤然后放入洋葱，炒到洋葱的香味散发出来。

⑥加入牛奶和混合香料，煮到锅中的汤汁开始沸腾。

⑦加入沥干的贻贝，翻炒一下，淋入白葡萄酒，加盖锅盖，转大火煮。

⑧2 分钟后不要打开锅盖，晃动一下锅，使贻贝均匀裹到汤汁，继续焖煮 3 分钟即可出锅。

营养贴士：

贻贝的营养价值很高，它富含多种矿物质，并含有人体必需的多种氨基酸，氨基酸含量大大高于鸡蛋以及鸡、鸭、鱼、虾等食物。

烹饪秘笈

做白葡萄酒煮贻贝时，经常会用到百里香、月桂叶、迷迭香和欧芹这样的西餐香料，每一种都买用处不太大，容易造成浪费。所以在制作家庭料理时，对口味的要求不必太苛刻，用混合香料比较方便，别多放，调节一下味道就好。

熟吃也鲜美

啤酒烹牡蛎

🕐 30分钟 🍲 难度 ★☆☆☆☆
烹饪时间

| 特色 |

海鲜类，在不能确保足够新鲜到可以生吃的前提下，还是煮熟了比较保险。用啤酒来烹制，在啤酒沸腾酒精挥发的过程中可以带走腥气，只留下鲜味。同时啤酒中含有大量二氧化碳，沸点较低，能让牡蛎肉更鲜。

主料：

* 带壳牡蛎 2000 克

辅料：

* 大蒜 4 瓣
* 黄油 20 克
* 啤酒 100 毫升
* 香葱 2 棵
* 黑胡椒粉 少许
* 淀粉 适量
* 盐 少许

①用小刀撬开牡蛎壳，将牡蛎肉取出来。大蒜去皮，切厚片。香葱取葱绿部分，切小粒。

②在牡蛎肉中加入淀粉，加水淘洗，将牡蛎肉中的泥沙彻底洗净。洗好的牡蛎肉沥干待用。

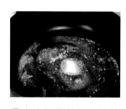

③中火加热炒锅，锅热后放入黄油，晃动锅将黄油烧化。

④放入蒜片，将蒜片煸炒出香味。不要把蒜炒黄，焦香的蒜味会影响牡蛎肉的鲜甜。

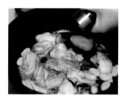

⑤放入牡蛎肉，加入少许黑胡椒粉，翻炒约 10 秒钟。

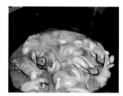

⑥沿着锅边淋入啤酒，加锅盖，大火烧开，焖 1 分钟。

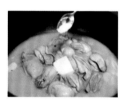

⑦打开锅盖，让酒气挥发干净，放入一小块黄油和少许盐，拌匀。

⑧撒上少许香葱粒，拌匀，装盘即可。

营养贴士：

牡蛎富含蛋白质和锌、钙、硒等矿物质。食用牡蛎可以防止皮肤干燥，促进皮肤新陈代谢，分解黑色素，是天然的美容食物。

烹饪秘笈

牡蛎壳比较大，除了烤，放在锅中烹饪很占空间，而且外壳比较脏，不好洗。自己家烹制，把肉取出来最方便。烹制海鲜类的食材，只要够新鲜，调料就尽量少用，毕竟，吃的就是一个鲜。

煎的烤箱菜

蒜蓉黄油烤大虾

🕐 30分钟
烹饪时间

★☆☆☆☆
难度

|特色|

用油炒蒜粒，可以去除辛辣，只保留蒜香。蒜味混合着黄油的奶香味，会产生奇美妙的化学反应。这道菜说是烤，事实上用的方式是更易控制火候的煎，放很少的油，给虾快速加热，使虾肉收紧的同时保留了虾肉的鲜嫩。

主料：
* 大虾 6 个

辅料：
* 黄油 15 克
* 大蒜 2 瓣
* 黑胡椒粉 少许
* 盐 少许
* 白酒 2 茶匙
* 橄榄油 2 茶匙
* 欧芹碎 少许

①大虾解冻，冲洗干净，剪去虾须和头部尖刺。开背，去掉虾线。

②将大虾放入碗中，加入白酒，抓匀，腌制 10 分钟以上，给大虾去腥。

③大蒜去皮、去根，剁成蒜蓉。腌好的大虾用厨房纸巾擦干水分，防止煎的时候造成油飞溅。

④在虾上撒上黑胡椒粉和盐，抓匀，别撒太多，不要盖住大虾本身的鲜味。

⑤小火加热平底锅，放入橄榄油和蒜末，将蒜末炒出香味，出香味即可，不炒到蒜末变色。

⑥放入大虾，将两面煎到微微有些焦黄，虾肉完全变色。

⑦放入黄油，继续煎约 20 秒。黄油的加入可以让虾表皮更油亮，香味更浓厚。

⑧用筷子将大虾夹出到盘子里，撒上少许欧芹碎，装饰的同时增加风味。

营养贴士：

相比较于油炸，煎所用的油量少很多，在保证了油脂香味的同时，热量被大大降低。有虾壳的阻隔，虾肉接触到的油分很少。虾肉易老，煎的方式更易控制火候，不用因为担心火大了而造成虾肉不熟，即使是消化能力较弱的小朋友也可以放心食用。

烹饪秘笈

做这种煎大虾最好选择尽可能大的虾，煎出来才更漂亮。给虾开背时，开口别太长，从头开到尾会使煎好的虾形状不够漂亮，开虾身长度的一多半，能取出虾线，也方便入味就好。

地中海风情

地中海式焗海鲜

🕐 **50分钟**
烹饪时间

🍲 **难度** ★★★☆☆

|特色|

地中海美食泛指意大利、西班牙、希腊等地处地中海沿岸的欧洲各国的美食品种。靠海吃海，海鲜自然而然地成为地中海美食的主题，加上浓郁的奶酪、爽口的蔬果、香醇的葡萄酒，成就地中海风情大餐。

主料：

* 鱿鱼圈 5 个
* 鲜虾 6 个
* 瑶柱 10 个
* 鳕鱼 1 块
* 黄椒 1/2 个
* 红椒 1/2 个
* 洋葱 1/4 个

辅料：

* 马苏里拉奶酪碎 150 克
* 黄油 30 克
* 面粉 40 克
* 牛奶 250 毫升
* 豆蔻粉 1/2 茶匙
* 黑胡椒粉 1/2 茶匙
* 盐 适量
* 白葡萄酒 2 汤匙
* 植物油 少许

①鱿鱼圈解冻，切成大块。瑶柱解冻，洗净，沥干。鲜虾去虾线，剥成虾仁。鳕鱼去骨，去皮，切成大块。

②在海鲜中加入白葡萄酒、少许黑胡椒粉和盐，腌制一会儿。红椒和黄椒去子，切成丁。洋葱切短条。

③将黄油放入锅中，待黄油烧化，放入面粉，炒匀后加入红椒和黄椒。

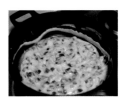

④放入牛奶，加入豆蔻粉和适量盐调味，搅拌均匀，烧到即将沸腾后关火。

⑤将炒好的奶汁蔬菜放入搅拌机，打碎成均匀的奶汁。

⑥洗净炒锅，中火加热，放少许植物油，先放洋葱条炒香。再分别下各种海鲜滑炒到定型。

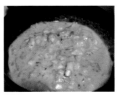

⑦倒入打好的奶汁，继续加热到奶汁浓稠。熄火，将奶汁和海鲜一起倒入耐热烤碗中。

⑧烤箱预热 200℃。在海鲜上盖上一层马苏里拉奶酪碎，放入预热好的烤箱烘烤 8 分钟即可。

营养贴士：

"焗"原指将锅盖盖严焖煮。现在所有加盖了奶酪入烤箱的方式都叫做焗，奶酪融化后形成一层保护层，可以保持下面的蔬菜、肉类汁水丰富，营养不流失。

烹饪秘笈

这道菜用到的海鲜种类比较多，但是每种用量都不大，因此瑶柱、鱿鱼、鳕鱼和虾都选超市里那种冷冻的就好，少量购买不会浪费，当然如果用新鲜的海鲜味道会更好。做这种焗烤的菜品，如果烤碗中放不下，再拿一个小碗装就好，一起放入烤箱，节省时间又省能源。

五彩缤纷

西班牙海鲜饭

🕐 **60**分钟
烹饪时间

🍲 难度 ★★★★★

|特色|

西餐三大名菜之一,与法国蜗牛、意大利面齐名。西班牙海鲜饭卖相绝佳,黄澄澄的饭粒源于名贵的香料藏红花,弹牙的米饭中点缀着各种海鲜,下面还有一层焦香的锅巴。吃的时候连锅一起上桌,色彩缤纷,热气腾腾。

主料:

* 大米 200 克
* 鲜虾 8 个
* 青口贝 12 个
* 鱿鱼圈 100 克
* 洋葱 1/2 个
* 红椒 1/2 个
* 蒜 2 瓣
* 番茄 1 个
* 豌豆 2 汤匙
* 白葡萄酒 100 毫升
* 柠檬 1/2 个

辅料:

* 藏红花 1/3 茶匙
* 盐 1 茶匙
* 橄榄油 2 汤匙
* 鸡精 1 茶匙
* 黑胡椒粉 1/2 茶匙
* 香葱粒 少许

①鱿鱼圈解冻。鲜虾去虾线、虾须和头部尖刺。青口贝刷洗干净外壳,加盐浸泡,使其吐净泥沙。

②洋葱、红椒切小粒。大蒜切碎。番茄去皮,切小粒。柠檬切成小块。大米淘洗干净后沥干。

③中火加热平底锅,锅热后放入橄榄油,下蒜末和洋葱粒炒香。

④下红椒粒和番茄粒翻炒均匀。放入大米,加藏红花、鸡精、盐和黑胡椒粉,炒匀。

⑤将米饭大致摊平,均匀浇上白葡萄酒,转大火,烧到酒精挥发,闻不到酒气。

⑥加入清水,水面超过米饭一点即可,水不能多。大火烧开后转中火,加锅盖焖 15~20 分钟。

⑦汤汁大部分被米饭吸收后,放入海鲜,轻按压,使海鲜有小半没入米饭,撒上豌豆,盖锅盖继续焖 15 分钟。

⑧打开锅盖,继续小火加热 3 分钟,蒸发掉部分水汽,关火。撒上少许香葱粒,摆上柠檬块即可上桌。

营养贴士:

藏红花为著名的珍贵中药材,主要药用部分为小小的柱头,有活血化瘀、凉血解毒、解郁安神的功效。其用于食品,主要作用是调味和上色。

烹饪秘笈

传统的西班牙海鲜饭做好之后会有点硬,类似"夹生"的口感,锅底要有锅巴,所以水量一定不要多了。海鲜放进去受热还会出水,这些水都要计算在内。如果一开始水放得太多,最后饭会湿答答的。正宗的海鲜饭最后上桌前撒的是新鲜欧芹碎,菜谱中替换成了更常见的香葱,主要起装饰作用,不加也可以。

颜值满分

菠萝海鲜咖喱饭

🕐 **60**分钟
烹饪时间

🍲 难度 ★☆☆☆☆

116

| 特色 |

菠萝酸甜可口，气味芳香，用它来做容器绝对称得上色、香、味、形俱全。海鲜炒饭味道比较清淡，直接放在菠萝盅里会被菠萝肉的水果味抢去风头。加上少许咖喱调配，会让炒饭的味道更浓郁。

主料：

* 菠萝 1 个　　　* 蟹肉棒 3 根
* 米饭 1 碗　　　* 洋葱 1/4 个
* 虾仁 8 个　　　* 冷冻混合蔬菜粒 100 克
* 墨鱼仔 6 个

辅料：

* 咖喱块 1 块　　　* 白胡椒粉 少许
* 盐 适量　　　　* 料酒 2 茶匙
* 料酒 2 茶匙　　　* 油 适量

①所有海鲜解冻，洗净。每个墨鱼仔改刀成两块。蟹肉棒切成小段。

②在虾仁和墨鱼仔中放少许白胡椒粉和料酒，拌匀，腌制一会儿。

③将菠萝表皮冲洗干净，平放，从顶上切掉 1/3，剩下 2/3 的部分把菠萝肉掏出来，成为容器。

④掏出的菠萝肉取约 1/4，切成小丁。洋葱切成小片。咖喱块用刀切成小颗粒。

⑤中火加热炒锅，锅中放油，油热后放入海鲜滑炒到定形即捞出。

⑥锅中留底油，放洋葱片炒出香味。放混合蔬菜粒，炒到胡萝卜变软。

⑦放入米饭，将米饭炒散。放入咖喱颗粒，翻炒到咖喱的颜色分布均匀，小颗粒溶解。

⑧放海鲜和菠萝粒，加少许盐调味，翻炒均匀，放入掏空的菠萝即可。

营养贴士：

菠萝味道酸甜适口，能开胃顺气，解油腻，辅助消化，其丰富的膳食纤维可以缓解便秘。在吃过肉类或油腻食物后，吃些菠萝对身体大有好处。

烹饪秘笈

虽然放了菠萝，但毕竟做的还是咖喱饭，菠萝起的是提味的作用，不能放太多。市面上销售的咖喱块有两种，一种是黄色的，一种偏棕色。最好选择黄色的那种来制作这道菠萝咖喱饭，成品的颜色更鲜亮。

嫩煎金枪鱼

烹饪时间 40分钟

难度 ★★★★★

| 特色 |

金枪鱼在国内的受欢迎度似乎比不上三文鱼，其实金枪鱼的肉质比三文鱼更紧一些，更有嚼劲，味道也不错。加上调料腌制，把鱼肉的表面略煎一下，即使不能接受全生食物的人也会想要去尝试这样的"刺身"。

主料：
* 金枪鱼 150 克   * 圣女果 6 个
* 苦菊 适量

辅料：
* 黑胡椒碎 1/2 茶匙   * 橄榄油 1 茶匙
* 盐 少许   * 沙拉酱汁 适量

①将金枪鱼肉冲洗干净，用厨房纸巾擦干表面，擦到鱼肉表面没有明显水滴即可。

②在鱼肉上均匀撒上黑胡椒碎和盐，腌制 20 分钟。调料尽量撒匀，鱼肉表面水分擦干后撒上的调料很难抹开。

③苦菊剪掉根，冲洗干净后充分沥干，切成约 3 厘米长的小段。圣女果去蒂、洗净，对半剖开。

④圣女果中加入少许黑胡椒碎、盐和橄榄油，搅拌均匀腌制一会儿。

⑤中火加热平底锅，锅内抹上一层橄榄油。将锅烧热后放入金枪鱼肉。

⑥将金枪鱼每一面煎约一分半钟，侧面也要煎到。时间根据鱼肉厚度调整，煎到四周变色，中间还是生鱼肉色就好。

⑦煎好的金枪鱼冷却到不烫手，切成适口大小的鱼片，装盘，淋上少许沙拉酱汁。

⑧将苦菊与腌制好的圣女果拌匀，摆在金枪鱼旁边，尽量沥干，不要汤汁。

营养贴士：

金枪鱼低脂肪、低热量，含有优质的蛋白质和多种矿物质，食用金枪鱼，在维持轻盈体态的同时可以平衡身体所需的营养，是现代女性轻松瘦身的理想选择。

烹饪秘笈

煎好的金枪鱼可以吃温热的，也可以等到金枪鱼冷却到室温后用保鲜膜包起来，放入冰箱冷冻半小时，然后再切片装盘，那样口感更像生鱼片。不喜欢吃生的，煎金枪鱼时火更弱些，煎的时间适当延长，将鱼肉大致煎熟。但是完全熟透的金枪鱼容易碎，很难切出漂亮的鱼片。

熟吃更安心

⏱ **35**分钟
烹饪时间

难度 ★★★☆☆

黑椒三文鱼配芦笋

| 特色 |

提到三文鱼，很多人喜欢生吃，蘸着芥末酱油吃刺身。但是生吃总是因为寄生虫和新鲜度问题忐忑不安，不能完全放心。其实加热之后的三文鱼也很美味，不管是煎还是烤，不同的口感，一样的营养，吃得更安心。

主料：

* 三文鱼 1 块
* 芦笋 4 根
* 柠檬 1/6 个

辅料：

* 橄榄油 适量
* 盐 少许
* 黑胡椒碎 少许

烹饪秘笈

煎鱼时最忌讳着急翻面，保持中小火，多煎一会儿，才能不破坏鱼肉，煎出完整的鱼皮。煎过鱼之后一定要清理煎锅，否则煎出的芦笋会有腥味。在盘子里放一块柠檬，吃的时候可以在鱼肉上挤上柠檬汁，去腥提鲜。

①三文鱼块冲洗干净，用厨房纸巾擦干水分，将边缘修剪整齐。

②在三文鱼肉上撒少许盐和黑胡椒碎。盐一定要少，口味过重会破坏鱼肉的鲜味。腌制 15 分钟。

③芦笋切掉尾端比较老的部分，冲洗干净。可以用刀试着切一下，表皮容易切断就是比较鲜嫩的部分了。

④中火加热平底锅，锅中多放些橄榄油，油温热后放入三文鱼，鱼皮向下，先煎鱼皮一侧。

⑤鱼入锅后不要动，煎一会儿，煎到鱼皮一侧收缩，用铲子轻轻推一下，能推动再翻面。

⑥翻面后继续煎鱼肉一侧，煎到两面呈浅金色即可出锅。用厨房纸巾吸掉多余油分。

⑦用厨房纸巾将平底锅彻底擦干净，重新放少量橄榄油。中火加热，油温热后放入芦笋。

⑧煎到芦笋颜色变得更翠绿即可出锅。装盘后在芦笋上撒少许盐和黑胡椒碎，旁边摆上一小块柠檬即可。

营养贴士：

芦笋含有人体必需的多种氨基酸，含量比例较恰当，适合人体吸收。芦笋气味清香，可缓解肉类的油腻感，它还是一种低热量蔬菜，搭配高蛋白肉类可作为减脂餐食用。

浪漫法兰西
普罗旺斯小羊排

🕐 60分钟
烹饪时间

🍲 ★★★★
难度

| 特色 |

"普罗旺斯"四个字似乎跟浪漫是连着的，那里不仅有大片的薰衣草田，还有美味的棒棒羊排。选好羊排，加上不太常见的香料，使用特别但并不复杂的烹调方式，瞬间就可以让自家的餐桌变得"高大上"。

主料：
* 法式羊排 6 片

辅料：
* 面包糠 4 汤匙
* 大蒜 2 瓣
* 黑胡椒粉 1/2 茶匙
* 盐 1 茶匙
* 意大利混合香料 2 茶匙
* 白葡萄酒 2 汤匙
* 油 适量

①羊排冲洗干净，擦干水分，用牙签在肉上扎一些小孔，方便入味。

②羊排用白葡萄酒抓匀，表面均匀撒上盐和黑胡椒粉，腌制 1 小时以上。

③面包糠和大蒜、黑胡椒粉、意大利混合香料一起放入搅拌机，打成细碎的调料粉。

④中火加热平底锅，锅中放入适量油，油烧热后放入羊排煎到两面金黄。

⑤煎好的羊排取出放到不烫手。烤箱预热200℃。撕一张长度是烤盘两倍的锡纸，铺在烤盘上。

⑥用调料粉将羊排混匀地裹满一层，用手轻轻攥一下，使调料粉粘在羊排表面，然后放在烤盘上。

⑦所有羊排都放好后，用锡纸将羊排盖起来，边缘处折叠，封好，放入烤箱烤20分钟。

⑧将烤盘取出，打开锡纸，使羊排暴露在烤箱里，继续烘烤10~15分钟，将羊排表皮烤到焦黄即可。

营养贴士：

羊肉性温，冬季常吃羊肉，可以增加人体热量，抵御寒冷。羊肉具有补肾壮阳、补虚温中等作用，男士适宜经常食用。

烹饪秘笈

这个菜谱中选用了法式羊排，相较于我们平时吃的羊肋排，法式羊排更嫩，更易熟，适合煎烤。最好不要替换成羊肋排，羊肋排筋比较多，直接烤，不是烤干了就是咬不动。实在要用，最好先用高压锅清炖，炖熟之后加调料再烤。

瑞典传统美食
瑞典肉圆

🕐 **70分钟**
烹饪时间

🍲 **★★★★★**
难度

124

|特色|

这是一种瑞典的传统美食。传统上，瑞典肉丸是正餐的食物，配以薯蓉、橘子果酱、腌黄瓜、肉汤等拌菜。不过现时在世上各地流传的瑞典肉丸，是一种已经小食化的肉丸，体积比较小，味道和制作方法也更加简单。

主料：
* 牛肉 200 克
* 猪五花肉 200 克
* 洋葱 1/2 克
* 面包糠 60 克
* 鸡蛋 1 个
* 口蘑 3 个

辅料：
* 豆蔻粉 1/2 茶匙
* 黑胡椒粉 1/2 茶匙
* 盐 2 茶匙
* 白葡萄酒 2 汤匙
* 法式芥末酱 2 茶匙
* 牛奶 50 毫升
* 淡奶油 50 毫升
* 蒜末 1 茶匙
* 面粉 1 汤匙
* 黄油 10 克
* 油 适量

①牛肉和猪肉切成小块，放入搅拌机打成肉泥。洋葱切成小碎粒，加黄油炒到透明，放凉待用。

②肉泥中加入黑胡椒粉、豆蔻粉、盐和白葡萄酒，搅拌均匀。

③再加入洋葱粒、打散的鸡蛋液和面包糠，继续搅打上劲。

④将搅拌好的肉泥挤成丸子，放入油锅中炸到半熟，表面变色后捞出。

⑤烤箱预热 220℃。炸好的丸子放入烤盘，放入预热好的烤箱，烤 15 分钟后取出。

⑥将牛奶、淡奶油、法式芥末酱和少许盐、黑胡椒粉混合均匀成为奶汁。口蘑去蒂，切碎。大蒜剁成小粒。

⑦选一个尽量小的锅，中火加热，锅中放入黄油烧化，放入蒜末和口蘑炒香，放面粉炒匀。

⑧缓缓加入奶汁，不停搅拌，将奶汁烧浓稠成为蘑菇奶油酱汁，浇在炸好的肉圆上即可。

营养贴士：

肉丸多为油炸和水煮，炸肉丸油脂含量高，煮肉丸水分大口感较差。利用烘烤的方式做肉丸，锁住肉汁，保持营养不流失的同时又不会额外增加热量。

烹饪秘笈

制作这种圆润的小肉丸最好自己打肉馅，外面买的肉馅比较粗糙，挤出的丸子不圆，也没那么有嚼劲。这个配方里用的洋葱不算少，洋葱又很容易出汤，提前用黄油炒一下，可避免出汤，做出的丸子还会更香。

中国胃的选择

奶香烩肉圆

🕐 **60**分钟
烹饪时间

🍲 ★ ★ ★ ★
难度

| 特色 |

它不凉、不硬，是一道适合"中国胃"的西餐。它百搭，可以配合面包、米饭、烤饼。因为丸子浸泡在奶汁里，即使你厨艺不精，做的丸子不那么完美，没关系，有奶汁帮你掩护。

主料：

* 猪五花肉 100 克
* 鸡胸肉 100 克
* 面包糠 2 汤匙
* 鸡蛋 1 个
* 洋葱 1/4 个
* 淡奶油 60 毫升
* 牛奶 60 毫升
* 法棍切片 适量

辅料：

* 盐 1/2 茶匙
* 黄油 10 克
* 意大利混合香料 1 茶匙
* 干欧芹碎 适量
* 鸡精 1/2 茶匙
* 植物油 少许
* 黑胡椒粉 1/2 茶匙

①洋葱切成小粒。炒锅放油，加少许植物油，将洋葱炒到透明，盛出晾凉。

②五花肉与鸡胸肉一起剁成肉末，剁得尽量细一些，挤出的丸子更光滑、更细腻。

③在肉末中加入盐、鸡精、黑胡椒粉、意大利混合香料，加入打散的鸡蛋液，充分搅匀，使肉馅上劲，发黏。

④放入面包糠和洋葱粒，充分搅拌均匀待用。取一个耐热的浅烤碗，在碗底抹上一层黄油。

⑤将肉馅挤成大小均匀的光滑肉丸。挤好的丸子直接放在烤碗里，肉丸之间留有间隙。烤箱预热200℃。

⑥将淡奶油和牛奶混合，加入欧芹碎，加少许盐，搅拌均匀成奶汁。

⑦将奶汁缓慢倒入烤碗，使液体盖住大部分肉丸，顶部露出一点。将烤碗放入烤箱中层，烘烤20分钟。

⑧在最后烘烤的3分钟将法棍切片放入烤箱加热，最后一起出锅。肉丸上再撒少许欧芹碎即可。

营养贴士：

鸡胸肉蛋白质含量高，猪五花肉脂肪含量高，两者单独做肉丸口感都有欠缺。按一定比例揉和在一起，做出的丸子热量和营养均衡，口感也得到了提升。

烹饪秘笈

因为鸡胸肉比较柴，所以搭配的猪肉要肥一些。在烤碗底部抹上黄油可以防粘，同时还能提味。牛奶和淡奶油的比例没有那么严格，根据碗的大小调整奶汁的量。肉丸里加入面包糠，跟炸丸子时加入馒头渣的效果类似，都是为了让肉丸更松软。肉丸尽量挤好了就烤，时间长了丸子会塌下去，就不圆了。

胖胖小肉球
焗烤培根蛋

🕐 **30分钟**
烹饪时间

🍲 ★☆☆☆☆
难度

主料：
* 培根 6 片
* 鸡蛋 6 个
* 马苏里拉奶酪碎 150 克
* 吐司 3 片
* 胡萝卜 60 克
* 西蓝花 60 克
* 玉米粒 3 汤匙

辅料：
* 黑胡椒粉 少许
* 盐 少许
* 干欧芹碎 适量

| 特色 |

培根烤过之后会收缩，将里面的鸡蛋和面包粒紧紧地包裹起来，团成一个胖胖的小球。用刀切开，半熟的蛋黄流淌出来，不用加额外的调料就多了一层醇厚滋味。

烹饪秘笈

在培根卷筒里放面包块，可以增加口感，防止鸡蛋粘底。同时因为一个鸡蛋填不满培根筒，放了面包块，烤出来的培根筒更饱满。玛芬模具一般是有不粘涂层的，烤过之后，用小叉子沿着培根与模具之间的间隙转一圈，就能将烤好的培根蛋轻松取出了。

①将吐司切成小块。胡萝卜去皮，切成较厚的圆片。西蓝花掰成小朵。

②烧一锅清水，水沸腾后放入胡萝卜片和玉米粒，煮到胡萝卜片略软即可捞出。

③在水中放少许盐，下西蓝花，焯烫到西蓝花颜色变得更翠绿即捞出。

④烤箱预热180℃。将培根卷成筒状，放入玛芬模具中，培根尽量贴合模具壁。

⑤将吐司块放入培根卷筒中，略压一下，面包高度大概是培根筒高度的一半。

⑥再在培根卷筒中磕一个鸡蛋，撒上少许盐和黑胡椒粉。培根本来就是咸的，盐要少放。

⑦在鸡蛋上撒奶酪碎，奶酪高度要高于培根边缘，撒少许欧芹碎，放入烤箱中层，烘烤到奶酪表面焦黄。

⑧将烤好的培根蛋取出，连同焯好的蔬菜一起摆盘即可。

惬意的午后时光
酥炸香肠卷

🕐 烹饪时间 **35分钟**

🍲 难度 ★☆☆☆☆

|特色|

食材朴素，制作简单，一颗一颗小小的，卖相又可爱，最适合做下午茶。

主料：

* 热狗肠 6 根　　* 酸黄瓜 1 根
* 吐司 6 片　　　* 洋葱 1 片
* 鸡蛋 2 个

辅料：

* 沙拉酱 适量　　* 黑胡椒粉 少许
* 面包糠 适量

烹饪秘笈

香肠卷里外都是熟的，炸的过程只是为增加口感，用小锅省油，油量能浸没半个卷就够，注意翻面，表皮炸漂亮了就好。酸黄瓜就是俄式酸黄瓜，大型超市有卖。酸黄瓜沙拉酱可以根据自己的口味调整，喜欢哪种配料就多放些。

① 酸黄瓜去蒂，切成小碎丁。洋葱取鲜嫩部分，同样切碎。洋葱要吃生，越嫩越好。

② 取两三汤匙沙拉酱，放入洋葱和酸黄瓜粒，加适量黑胡椒粉，搅拌均匀成蘸酱。

③ 吐司切去四边，改刀成等大的两条。热狗肠切成略长于吐司条短边的长度。

④ 用擀面杖将吐司片擀薄。鸡蛋充分打散成蛋液。

⑤ 在擀过的吐司片上抹上薄薄一层沙拉酱，不要抹多，边缘也要抹到，方便最后粘合。

⑥ 将热狗肠放在吐司片的一端，用手压紧，卷起来，尽量卷紧，中间不要留空隙。

⑦ 卷好的吐司卷在蛋液里蘸一下，再放入面包糠裹匀。

⑧ 将裹好的香肠卷放入热油锅中，炸至表面金黄，捞出放在厨房纸巾上吸掉多余油分，装盘即可，与蘸酱一同上桌。

冰箱里的储备粮
番茄肉酱饭

🕐 烹饪时间 **35分钟**

🍲 难度 ★★★☆☆

| 特色 |

只要肉酱熬得好，搭配什么都好吃。闲暇时熬上一锅酱，放在保鲜盒里冷冻作为储备粮，配什么吃，当天的心情说了算。

主料：

* 米饭 1 碗
* 洋葱 1/2 个
* 猪肉末 80 克
* 口蘑 5 个
* 番茄 1 个

辅料：

* 大蒜 3 瓣
* 黑胡椒粉 少许
* 番茄酱 1 汤匙
* 鸡精 1 茶匙
* 白酒 2 茶匙
* 盐 适量
* 意大利混合香料 1/2 茶匙
* 油 少许

烹饪秘笈

给番茄去皮，除了用开水烫，还可用一根筷子，由番茄蒂从下往上穿入，握住筷子远端，将番茄放在火上烧一下，皮就自然爆开了。肉最好不要选太瘦的，炒出的肉酱容易发干发柴。

①猪肉末中加入白酒、少许盐和黑胡椒粉，拌匀，腌制一会儿去腥，给肉末加个底味。

②番茄去皮，切成小粒。大蒜去皮，去根，切碎。口蘑去蒂，切小丁。洋葱去老皮，切小粒。

③中火加热炒锅，放少许油，烧至六成热，下蒜末和洋葱粒炒香。

④放入肉末，将肉末炒散。炒到肉末微焦、吐油之后，放入口蘑丁，将蘑菇炒干水分。把炒好的材料盛出来。

⑤锅留底油，烧热后放番茄粒炒至出汁。单独煸炒番茄粒，让番茄与油充分接触，更易出汁。

⑥放入刚盛出的肉末、口蘑等，翻炒均匀。

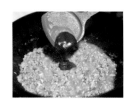

⑦放入番茄酱、意大利混合香料和鸡精，炒匀。加入适量水，煮 5 分钟。

⑧肉酱煮到浓稠后，调入适量盐和黑胡椒粉，翻炒均匀。趁热浇在米饭上即可。

双倍的幸福
火腿奶酪焗饭

烹饪时间 30分钟

难度 ★☆☆☆☆

| 特色 |

普通的米饭，加上酱汁，就会变得很醇厚，再加上奶酪，放进烤箱焗，获得的幸福和满足感瞬间乘以两倍。

主料：
* 米饭 1 碗　　　　* 口蘑 4 个
* 豌豆 1 汤匙　　　* 洋葱 1/4 个
* 玉米粒 2 汤匙　　* 青椒 适量
* 火腿片 3 片

辅料：
* 黑椒汁 1 汤匙　　* 马苏里拉奶酪碎
* 鸡精 1/2 茶匙　　　100 克
* 盐 适量　　　　　* 油 适量

烹饪秘笈

奶酪焗饭除了做成黑椒的，放番茄酱也很对味。刚炒好的米饭很热，只需烤很短的时间，把奶酪烤好就够了。烘烤的温度较高，最好在旁边看着，奶酪烤到能拉丝、略微发焦就可以，别烤干了。

①火腿改刀成小片。口蘑去蒂、切片。洋葱切成粗大的颗粒。青椒切成圈。

②中火加热炒锅，锅中放入适量油，烧至六成热时下洋葱。

③将洋葱炒出香味，洋葱变透明时，放入口蘑片，炒到口蘑收缩变小。

④放入豌豆和玉米粒，炒熟。放米饭和火腿片，将米饭充分炒散。

⑤放入黑椒汁和鸡精，炒匀，调入适量盐。烤箱预热 200℃。

⑥将炒好的米饭放入烤碗，略压实，上面放上几个青椒圈。

⑦均匀铺上一层马苏里拉奶酪碎，可以再撒一些玉米粒装饰，然后放入预热好的烤箱。

⑧烘烤约 15 分钟，烤到奶酪表面有些地方微焦即可。

温暖不伤胃

奶酪焗蔬菜

🕐 **30**分钟
烹饪时间

🍲 ★☆☆☆☆
难度

|特色|

吃西餐时，想吃些蔬菜，但是又觉得沙拉太凉太硬，吃多了胃不舒服。那烤蔬菜和焗蔬菜可以满足这些需求。焗蔬菜可以说是烤蔬菜的升级版，只增加了一个步骤，味道和口感都获得了提升。

主料：

* 南瓜 100 克
* 土豆 100 克
* 西蓝花 50 克
* 培根 3 片
* 口蘑 5 个
* 洋葱 1/4 个
* 马苏里拉奶酪碎 150 克
* 片状奶酪 2 片

辅料：

* 盐 1 茶匙
* 黑胡椒粉 1/2 茶匙
* 鸡精 1/2 茶匙
* 黄油 30 克

①南瓜、土豆去皮，切小块。口蘑去蒂，对半切开。洋葱切小片，西蓝花切小朵。培根切宽条。

②中小火加热炒锅，锅中放入 15 克黄油，黄油融化后放入洋葱片炒香。

③放入口蘑和培根，翻炒到口蘑变色收缩，培根的脂肪部分变透明后，盛出待用。

④锅中放入剩余的黄油，放入土豆和南瓜，翻炒一会儿，炒到土豆有点透明，南瓜变软一些。

⑤打开锅盖，蒸干水分，放入西蓝花、炒过的洋葱、口蘑和培根，炒匀。烤箱预热170℃。

⑥将黑胡椒粉、盐和鸡精放入炒锅，拌炒均匀。

⑦炒好的蔬菜取一半放入烤碗。盖上片状奶酪。然后铺上另一半蔬菜。

⑧在最上面撒上马苏里拉奶酪碎。将烤碗放入烤箱中层，烘烤约 15 分钟，烤到奶酪融化、微焦黄即可出锅。

营养贴士：

西蓝花最显著的食疗功效就是防癌，其中的有效成分是"萝卜硫素"，这种物质有提高致癌物解毒酶活性的作用，还能帮助癌变细胞修复为正常细胞，维持身体健康活力。

烹饪秘笈

焗蔬菜最好选择根茎类的蔬菜，淀粉含量比较高，烤过之后不容易出汤。所有不能生吃的蔬菜在放入烤箱之前都要煮熟，焗烤的步骤主要是给奶酪加热，增加蔬菜的风味。如果想要更清爽的口感，中间的片状奶酪可以不加，炒蔬菜时把黄油替换成橄榄油或其他无味的植物油。

一只锅搞定
白汁蘑菇意面

 35分钟 ★☆☆☆☆

| 特色 |

白汁意面，控制好了调料配比，就能达到浓而不腻，香而不厚的境界。特别是这种能用一只锅做出来的菜品，在不流失美味的前提下，就盯着一口锅，即使在厨房里忙碌的时候，也能从容而优雅。

主料：

* 长条形意大利面 100 克　* 培根 3 条
* 蟹味菇 100 克

辅料：

* 牛奶 200 毫升　　　　　* 大蒜 3 瓣
* 水 200 毫升　　　　　　* 意大利混合香料 1 茶匙
* 片状奶酪 1 片　　　　　* 黑胡椒碎 1/2 茶匙
* 黄油 15 克　　　　　　 * 盐 1/2 茶匙
* 豌豆苗 少许　　　　　　* 鸡精 1 茶匙

①将蟹味菇切去根，掰散，冲洗干净，沥干。大蒜去皮，去根，切片。培根改刀成宽约 2 厘米的片。

②炒锅中不放油，中火加热，放入培根炒到微焦，肉片收缩。开始收缩就盛出来，别烤干了。

③将炒锅洗干净。小火加热，放入黄油，黄油融化后放入蒜片炒香。

④放入蟹味菇，转中火，将蘑菇炒出香味。加入黑胡椒碎，炒匀。

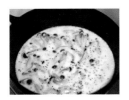

⑤放入牛奶、水和鸡精，大火煮开。水量要能煮开要放入的面条，但也不能太多，最后没法收汁。

⑥放入意大利面，大火煮到汤汁的量变成1/2。煮的过程中用筷子搅动，防止面条粘底。

⑦将奶酪片撕成小块，撒到锅里，加入盐。放入意大利混合香料和炒过的培根，转中火继续煮。

⑧煮到汤汁变得浓稠后盛出，装盘。在表面再撒少许黑胡椒碎，摆上一束豌豆苗即可。

营养贴士：

牛奶中的钙含量很高，是天然的钙质补充剂，而且钙磷比例适当，利于钙的吸收。牛奶还含有人体必需的 8 种氨基酸，是补充蛋白质的极佳选择。

烹饪秘笈

白汁意面大多是煮好面条，炒好白酱，拌在一起。这个菜谱采用的方法是一锅出，干意面直接在白汁里煮，这样省事一些，意面也更容易入味。但是酱汁比较浓稠，煮时要一直看着，不时搅拌，防止粘锅。如果觉得这种方法不好控制水量，也可以将面条煮熟，汤汁直接炒浓稠，最后跟熟面条拌炒在一起。

一整盘阳光

南瓜香肠意面

🕐 **40** 分钟
烹饪时间

🍲 ★ ☆ ☆ ☆ ☆
难度

136

| 特色 |

南瓜是个好东西，一小块，压成泥就能让盘子里好像洒满阳光。简单的食材，不复杂的料理方式，就能让你吃到不一样的味道。

主料：

* 两头尖通心粉 180 克
* 南瓜 200 克
* 热狗肠 4 根

辅料：

* 橄榄油 1 汤匙
* 意大利混合香料 1/2 茶匙
* 黑胡椒碎 1/2 茶匙
* 鸡精 1/2 茶匙
* 豌豆苗 适量
* 盐 1/2 茶匙
* 奶酪粉 1 茶匙
* 大蒜 4 瓣

烹饪秘笈

这款意面因为使用了南瓜泥，所以酱汁会比较黏稠，最好就不要用黄油炒了，奶香味过重会比较腻，如果没有橄榄油，可以用玉米油这类无味的食用油，花生油的味道比较重，不太适合西餐，不推荐使用。

①南瓜去皮、去子，切成小块，放入蒸锅或微波炉，加热到南瓜柔软。

②热狗肠斜刀切片，别切得太薄，煮的过程中容易碎。大蒜去根，切小粒。豌豆苗洗净，根部截短一些。

③通心粉放入沸水中，煮到九成熟，捞出沥干待用。如果不马上使用，在煮好的通心粉中拌入些食用油防粘。

④中火加热炒锅，锅热后放入橄榄油，下蒜粒炒香。

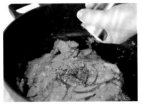

⑤放入南瓜块，用铲子碾压，将南瓜炒成南瓜泥。放入热狗肠、意大利混合香料、黑胡椒碎和鸡精，炒匀。

⑥加入少量水，翻炒均匀后大火煮开。水量大约 50 毫升，最后要把酱汁炒到浓稠，水不能多。

⑦放入煮好的通心粉，加入适量盐，翻拌均匀，炒到酱汁均匀裹在通心粉上即可关火。

⑧将通心粉装盘，在表面撒上少许黑胡椒碎和奶酪粉，最上面放上一小束豌豆苗装饰即可。

营养贴士：

橄榄油有防辐射的食疗功效，长期使用电脑和常看电视的人，常食有益。橄榄油和母乳成分相似，极易吸收，女性经常食用橄榄油，能增强皮肤弹性，起到润肤美容的效果。

真爱粉的选择
金枪鱼番茄意面

 40分钟　烹饪时间　　难度 ★☆☆☆☆

|特色|

真的喜欢一种食物，在各类食物中看到真爱的影子都会忍不住去优先尝试。关于真爱的技能掌握再多也不嫌多，金枪鱼罐头都是熟的，不喜欢碰到生肉的美厨娘们也能做出带荤腥的意面酱料。

主料：

* 意大利宽面 180 克   * 番茄 2 个
* 金枪鱼罐头 1 罐   * 蒜 5 瓣

辅料：

* 番茄酱 2 汤匙   * 生抽 1 茶匙
* 橄榄油 1 汤匙   * 干欧芹碎 少许
* 奶酪粉 2 汤匙   * 黑胡椒粉 少许
* 沙拉酱 1 茶匙   * 盐 1/2 茶匙
* 绵白糖 1 茶匙

①番茄去皮，去蒂，切成小丁，汤汁也保留。金枪鱼肉从罐头中取出，沥干待用。大蒜去根，切成小粒。

②中火加热炒锅，锅热后放入橄榄油，放蒜粒炒香。

③番茄丁连同汤汁一起倒入锅里，将番茄丁炒软。

④放沙拉酱、番茄酱、奶酪粉、白糖、盐和生抽，翻炒均匀。

⑤放入金枪鱼和黑胡椒粉，将金枪鱼大致炒碎即可，加小半碗水，烧开后关火。

⑥另起一个汤锅，水沸腾后放入意大利面，比包装袋上要求的时间少煮 1 分钟，捞出。

⑦直接将意大利面放进炒酱的锅里，重新开火，煮一两分钟，煮到汤汁浓稠即可，注意抄底搅拌防粘锅。

⑧煮好的意大利面盛出到盘子里，表面撒适量奶酪粉和干欧芹碎即可。

营养贴士：

金枪鱼肉是良好的蛋白质来源，其自身属于高蛋白低脂肪的肉类，罐头金枪鱼有水浸的和油浸的，如果担心热量摄入过多，可以选择水浸金枪鱼罐头。

烹饪秘笈

番茄一定要选放软了的，最好是那种捏一下感觉表皮和果肉有点分离的，那样的番茄味道才比较浓郁，汁水多。如果能买到进口的番茄罐头更好，买切好块那种，打开包装直接倒进锅里，颜色和味道都更出色。加水时要酌情，最后煮好的酱应该是黏稠的，能挂到面条上的。

原味鲜甜

鲜虾芦笋意面

🕐 **30**分钟
烹饪时间

🍲 ★☆☆☆☆
难度

| 特色 |

红、绿、黄,三种颜色交相辉映,光用眼睛看都会觉得很享受。有些人喜欢加牛奶和黄油,炒成白汁的。其实可以试试不加,颜色透亮,热量又低,吃着口感清爽无负担。正是简单的调料,才可以最大限度地激发出食材本身的鲜甜。

主料:

* 大虾 150 克   * 意大利扁面 170 克
* 芦笋 1 把

辅料:

* 大蒜 4 瓣   * 黑胡椒粉 少许
* 白胡椒粉 1/2 茶匙   * 盐 适量
* 姜 2 克   * 食用油 适量
* 盐 1/2 茶匙   * 鸡精 1/2 茶匙

①大虾开背,去头,去壳,去虾线,尾巴可以不剥掉。如果喜欢虾背完整,可以不开背,挑去虾线即可。

②芦笋冲洗干净,去掉老根,斜刀切成寸段。姜切片。大蒜去皮,切片。

③在剥好的虾仁中加上白胡椒粉、少许盐、姜片,抓拌均匀,腌制15分钟,给虾肉去腥,加个底味。

④烧一锅开水,水沸腾后放入少许盐和食用油,下芦笋快速焯烫到变色即捞出,放入冷水中。

⑤用焯烫过芦笋的水继续煮面,煮好后捞出,拌入适量油防粘。

⑥中火加热炒锅,锅中放入适量油。油热后放入虾仁,滑炒到虾仁卷曲定形即捞出,姜片取出不要。

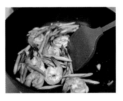

⑦锅中留底油,油热后放入蒜片爆香,炒香就好,别把蒜片炒黄。放入芦笋段和虾仁,炒到芦笋油亮。

⑧放入煮好的意大利面,加黑胡椒粉、盐和鸡精,快速翻炒均匀即可出锅。

营养贴士:

虾的营养价值很高,可增强人体的免疫力和性功能,补肾壮阳,抗早衰。虾还富含磷脂,可以为大脑提供营养,能使人长时间保持精力集中。

烹饪秘笈

意大利面的包装上都会标明把面条煮熟需要的时间,但是完全按照那个时间煮面,面条会略硬,不太符合中国人吃面的习惯。可以根据自己的需要略微延长煮面时间,但是不要煮太久,面条煮烂了就失去了意大利面的口感。

饼身先行

松软厚底比萨

🕐 **60**分钟
烹饪时间

🍲 ★★★★★
难度

| 特色 |

其实比萨的制作很简单，麻烦的只有饼底。一想到要做饼底，那么复杂的步骤，冗长的时间，就打消了念头。用以下这个方法，自己家也可以一次多做出几个饼底，冷冻保存，随吃随取。

主料：
* 高筋面粉 250 克
* 低筋面粉 50 克
* 水 200 毫升
* 绵白糖 30 克
* 干酵母 3 克
* 盐 3 克
* 橄榄油 25 毫升
* 迷迭香 1/2 茶匙

辅料：
* 圣女果 10 个
* 培根 3 片
* 香肠 2 根
* 青椒 1/2 个
* 洋葱 1/4 个
* 口蘑 4 个
* 比萨酱 2 汤匙
* 马苏里拉奶酪碎 150 克

①将主料中的全部材料一起放进面包机，完成一个和面过程。迷迭香是增加风味的，可以不加。

②将揉好的面团均匀分成四份面饼坯，盖上湿布或者保鲜膜，醒发 15 分钟。

③取一块面饼坯，用擀面杖擀成直径约 20 厘米的圆饼。

④用手指将饼坯周围捏压成厚边，中间用叉子戳满小孔，防止烘烤时面饼鼓起来。

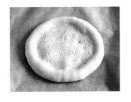

⑤烤箱预热 200 ℃，预热完成后放入做好的饼坯，烘烤约 5 分钟，烤好的饼坯取出晾凉即可冷冻保存。

⑥圣女果对半切开，口蘑去蒂、切片，青椒切圈，洋葱切粗丝，培根切宽条，香肠切厚圆片。

⑦将烤好的饼底放入烤盘，抹上比萨酱，撒上一半奶酪碎，撒上全部的食材，让食材嵌入奶酪。

⑧在最上面再撒上剩余奶酪碎，将比萨放入预热好的烤箱，烘烤约 10 分钟，烤到奶酪微焦即可出炉。

营养贴士：

由于面团中添加了酵母，在发酵过程中产生的二氧化碳气体可使得面饼组织更松软，更容易被消化。酵母还是一种很强的抗氧化物，可以保护肝脏，有一定的解毒作用。

烹饪秘笈

菜谱主要介绍了冷冻比萨饼底的制作方法。在做好饼底，进烤箱烘烤之前就可以放馅料，生面放好馅料一起烘烤，在 180℃下大约需要 15 分钟。比萨酱不能放太多，容易造成馅料和饼底分离，食材和奶酪尽量相互叠压，那样更容易让馅料和饼底连接起来。

光吃馅料也满足

黑椒蘑菇鸡肉比萨

🕐 **35**分钟
烹饪时间

🍲 ★★★☆☆
难度

144

|特色|

比萨除了有撒上火腿、蔬菜等各种独立配料的，还有这种铺上炒好馅料的。黑椒、蘑菇和鸡肉，调配上略带辛辣的黑椒汁。这些食材搭配在一起，浓香四溢，光吃馅料也满足。

主料：

* 比萨饼底 1 个
* 鸡琵琶腿 2 个
* 口蘑 8 个
* 洋葱 1/4 个

辅料：

* 葱 3 克
* 姜 3 克
* 黑椒汁 2 汤匙
* 马苏里拉奶酪碎 100 克
* 鸡精 1/2 茶匙
* 盐 适量

① 将鸡肉从腿骨上剔下来，去掉鸡皮和白筋，切成略大的肉丁。如果喜欢吃鸡皮，可以保留。

② 口蘑去蒂，每个切成 4 瓣。洋葱取鲜嫩部分，切成小片。葱、姜切大片。

③ 鸡腿肉放入碗中，加入葱片、姜片、1 汤匙黑椒汁，抓拌均匀，腌制 15 分钟以上。

④ 中火加热炒锅，油热后放入腌好的鸡腿肉，葱、姜取出不要，滑炒到鸡腿肉变色。

⑤ 放入洋葱片，炒到洋葱略透明。然后放口蘑块，炒到蘑菇收缩即可关火，拌入盐和鸡精，放到不烫手。

⑥ 将饼底放在烤盘上，在饼底上涂上 1 汤匙黑椒汁，上面撒上一半的奶酪碎。烤箱预热200℃。

⑦ 将炒好的馅料平铺在饼底上，尽量将馅料沥干，只要馅料不要汤汁。

⑧ 再把剩余的奶酪碎撒在馅料上，将烤盘放入预热好的烤箱中层，烘烤约 10 分钟，将奶酪烤化即可。

营养贴士：

在使用已经预先烤到半熟的饼底时，因为最后烘烤时间比较短，馅料易熟很重要，不能选择全生的肉类，或者生食有毒的蔬菜，以免烘烤时间不够造成食物中毒。

烹饪秘笈

这款比萨，饼底是半熟的，馅料是全熟的，所以烘烤时间很短，只要把奶酪烤化就够了。黑椒汁比较咸，涂的时候下手别太狠。因为炒过的蘑菇鸡肉颜色比较暗，如果觉得不够漂亮，可以加一些彩椒碎或熟玉米粒，颜色漂亮的同时口感也更丰富。

鉴定亲密度的比萨

薯底海鲜比萨

🕐 **45**分钟
烹饪时间

🥘 难度 ★☆☆☆☆

|特色|

薯底比萨在有些餐厅里会出现，省去了和面的繁琐，增加了土豆的独特香味，算是比萨饼的一种改良做法。因为饼底是土豆泥做的，不太容易成形，很难切块，所以特别适合亲密的朋友们围坐，一人一把勺子，大家一起挖着吃。

主料：

* 土豆 2 个
* 牛奶 30 毫升
* 黄油 20 克
* 盐 1 茶匙
* 黑胡椒粉 1/2 茶匙

辅料：

* 大虾 10 个
* 鱿鱼圈 10 个
* 冷冻混合蔬菜粒 80 克
* 彩椒 适量
* 比萨酱 2 汤匙
* 马苏里拉奶酪碎 150 克

①土豆去皮，切成小块，放入蒸锅蒸软后取出，碾压成泥，可以不用碾得太碎。

②土豆泥中加入黄油、牛奶、盐和黑胡椒粉，充分搅拌均匀。

③在烤盘上铺上一张油纸，抹上一层软化黄油，将土豆泥放在上面，用勺子压成厚度均匀的饼底。

④大虾挑去虾线，去头，去壳。鱿鱼圈解冻。烧一锅开水，放入大虾和鱿鱼圈，焯烫到定形后马上捞出。

⑤蔬菜粒冲洗一下，用厨房纸巾吸干水分，以免烤的时候出水。彩椒去蒂、去子，切成小块。

⑥烤箱预热 180℃。在土豆泥底上均匀涂上一层比萨酱。

⑦撒上 1/3 奶酪碎，放上全部食材。在最上面撒上剩余的奶酪碎。食材上下都有奶酪碎，便不易发生馅料和饼底分离。

⑧将烤盘放入预热好的烤箱，烘烤约 10 分钟即可。

营养贴士：

鱿鱼中所含的牛磺酸可降低血液中胆固醇的浓度、调节血压。鱿鱼还有助于肝脏的解毒、排毒，可促进新陈代谢，具有抗疲劳、滋阴养颜、延缓衰老等食疗功效。

烹饪秘笈

土豆泥比面粉更容易粘，所以下面最好不要垫锡纸。在油纸上涂黄油时，要用软化的黄油，就是能用刷子涂抹开的状态，这个状态的黄油比较容易涂得厚一些，成品更香。不要等黄油融化成液体，那样只能像植物油那样抹薄薄一层，防粘和提香的效果都会变差。

甜点比萨

薄底香蕉比萨

🕐 **50分钟**
烹饪时间

🍲 ★★★☆☆
难度

148

| 特色 |

有时候会突然想吃比萨，但是又等不及发酵。或者想吃比萨却不想吃那厚厚的饼底，这时候不妨试试薄底比萨，制作快捷又低热量。饼底的热量降低了，才有理由在馅料上放肆一下。

主料：

* 高筋面粉 60 克
* 低筋面粉 40 克
* 绵白糖 15 克
* 泡打粉 4 克
* 牛奶 70 毫升

辅料：

* 香蕉 1 根
* 糖水黄桃 3 块
* 香甜口味沙拉酱 2 汤匙
* 肉桂粉 少许
* 马苏里拉奶酪碎 100 克

①将泡打粉、白糖和面粉放入盆中，充分混合。在粉状的时候搅拌，能让泡打粉更容易被揉匀。

②分几次加入牛奶，用筷子搅拌到没有干粉。和面最开始不要用手，这时的面粉很黏，容易粘得满手都是。

③换用手揉成基本光滑的面团。因为做的是水果口味的比萨，所以用牛奶代替了水，成品会有奶香味。

④将面团移到面板上，撒些干面粉防粘，用擀面杖将面团擀成直径约18厘米的均匀圆片。

⑤烤箱预热200℃。将香蕉剥皮，切成厚片。黄桃切成约1厘米见方的丁。

⑥将擀好的面片放在铺了油纸的烤盘上，如果使用锡纸，要在锡纸上刷一层油防粘。

⑦将沙拉酱均匀涂抹在饼底上。上面码上香蕉片和黄桃丁，再撒上适量肉桂粉。

⑧最上面撒上奶酪碎。然后将烤盘放入预热好的烤箱，烘烤15分钟左右即可出锅。

营养贴士：

香蕉是高血压患者的首选水果，其富含钾和镁，钾能防止血压上升和肌肉痉挛，镁则有消除疲劳的功效。香蕉含有的泛酸等成分能减轻心理压力，解除忧郁，因此被誉为"开心水果"。

烹饪秘笈

薄底比萨虽然没有厚饼底那样松软，但胜在制作简单又快捷，做成水果口味的，像主食又像甜点。当然也完全可以做成蔬菜和肉类的口味，替换掉酱料和食材就好。在油纸或者锡纸上刷一层油，最好是黄油，稍稍多刷一些，除了防粘之外，还能让饼底变得更香更酥脆。

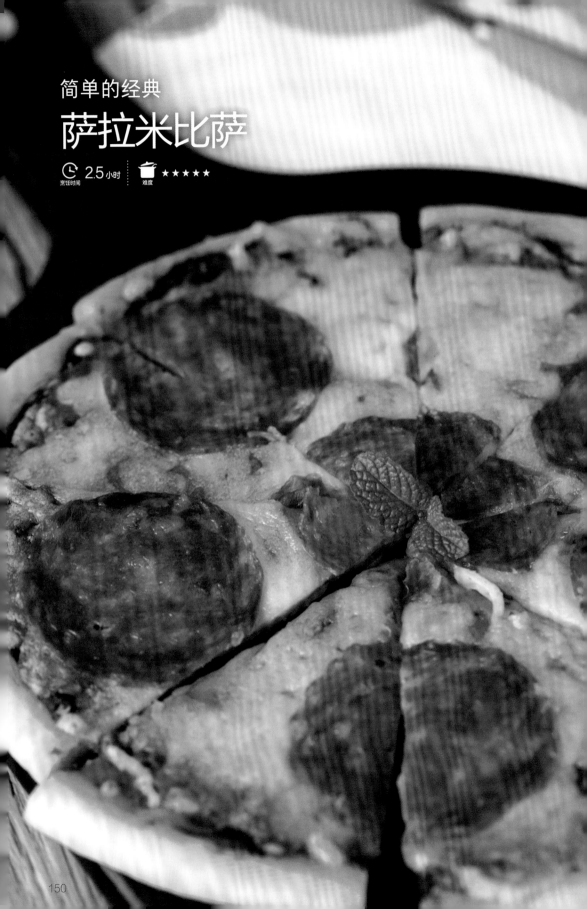

简单的经典

萨拉米比萨

🕐 2.5 小时　烹饪时间　　🍲 难度 ★★★★★

|特色|

所谓萨拉米，就是在比萨上最经常出现的那种圆圆薄薄的红色香肠。没烤之前白色的油脂镶嵌在红色的肉肠里，红白相间。烤过之后油脂融化，整片香肠呈现出透明感，散发着诱人的光泽。好像有了这种香肠，才符合我们最初对于比萨饼的认识。

主料：
* 高筋面粉 140 克
* 低筋面粉 50 克
* 盐 1/2 茶匙
* 干酵母 3 克
* 橄榄油 2 茶匙
* 清水 110 毫升

辅料：
* 番茄酱 3 汤匙
* 蒜末 1 茶匙
* 绵白糖 2 茶匙
* 橄榄油 2 茶匙
* 黑胡椒粉 1/2 茶匙
* 鸡精 1 茶匙
* 意大利混合香料 1/2 茶匙
* 盐 1 茶匙
* 萨拉米香肠 100 克
* 马苏里拉奶酪碎 200 克
* 黄油 适量

①将番茄酱、蒜末、白糖、橄榄油、黑胡椒粉、鸡精、意大利混合香料和 1 茶匙盐充分搅拌均匀成比萨酱，密封好待用。

②将全部面粉、半茶匙盐、2 茶匙橄榄油、酵母和清水，放入面包机中，揉成光滑面团，发酵到 2 倍大。

③将发酵好的面团取出，按压排气，平均分成 2 份，揉圆。静置 20 分钟，让面团松弛一下。

④将静置好的面团擀开成直径约 18 厘米的圆片，用叉子在面片上戳满小洞，防止面饼烘烤时鼓起。

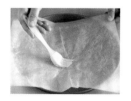

⑤烤箱预热 200℃。烤盘上垫油纸，在油纸上刷一层软化的黄油，让饼底更香酥。

⑥将面片转移到烤盘上，在面片上涂上一层做好的比萨酱。

⑦取 100 克马苏里拉奶酪碎，均匀撒在饼底上。在奶酪上铺上一层萨拉米香肠。

⑧再铺上 100 克奶酪碎。将烤盘放入烤箱中层。保持温度，烘烤 10~15 分钟即可。

营养贴士：

番茄酱是由成熟的番茄制成的。而强抗氧化剂之一的番茄红素，主要存在于茄科植物番茄的成熟果实中。常吃番茄能够增强免疫力、抗衰老。

烹饪秘笈

比萨酱可以在最开始就调好，因为混合香料是干燥的，还加了蒜末，提前调好可以让酱料的味道混合得更均匀。没有萨拉米也可以替换成培根、火腿或是任何一种熟的肉类。买回的奶酪如果是整块的，冷冻一下，将奶酪冻硬一些，更容易擦成均匀的丝状。

健康素食
坚果烤南瓜

🕐 **70** 分钟
烹饪时间

🍲 ★★★☆☆
难度

|特色|

假如不考虑黄油，这道烤南瓜可算是纯素食。习惯了西餐的大块吃肉，在餐桌上添上这道颜色鲜艳的素菜，营养健康低热量，一定能让你的厨艺收获广大赞誉。

主料：

* 绿皮南瓜 1000 克
* 山核桃仁 30 克
* 菠菜 100 克
* 腰果 50 克

辅料：

* 大蒜 2 瓣
* 黑胡椒粉 1/2 茶匙
* 干欧芹碎 1 茶匙
* 盐 1/2 茶匙
* 橄榄油 1 汤匙
* 黄油 适量
* 奶酪粉 2 茶匙

①南瓜洗净，去子不去皮，切成约 2 厘米的方块。大蒜去皮，切成蒜末。菠菜只留下叶子，切成碎片。

②南瓜块中加入橄榄油、黑胡椒粉、欧芹碎、蒜末和盐，搅拌均匀。让每块南瓜都均匀裹上调料。

③烤箱预热 200℃。烤盘上抹上一层融化黄油防粘。如果不喜欢黄油的奶味，可以涂橄榄油或者垫油纸。

④将拌好调料的南瓜平铺在烤盘上，在烤盘上盖上一张锡纸，四周包好，扎几个小孔透水汽。

⑤将烤盘放入烤箱，烘烤约 35 分钟，烤到南瓜能轻易扎透就好。

⑥取出烤盘，去掉锡纸。拌入菠菜叶和山核桃仁、腰果，略拌匀。

⑦将烤箱温度降低到 170℃，继续烘烤 15 分钟。

⑧取出烤盘，将烤南瓜装入温热的上菜容器，表面撒上适量奶酪粉和干欧芹碎即可。

营养贴士：

山核桃仁含有较多不饱和脂肪酸，这些成分皆为大脑组织细胞代谢的重要物质，能滋养脑细胞。山核桃仁还富含维生素 E，常食有润肌肤、乌须发的作用。

烹饪秘笈

坚果的酥脆可以提升烤南瓜的口感与味道，选用的坚果比较随意，尽量选香味浓一些的。如果坚果是生的要提前烤熟。最后上菜的容器要提前加热，以免南瓜放进去凉得太快。可以在烤南瓜的同时把上菜的盘子或碗放在烤箱顶上，烤好南瓜直接装盘，就不用单加热容器了。

第四章

甜品篇

装在小杯子里跟你走

抹茶提拉米苏

🕐 50分钟 烹饪时间 ┃ 🍲 难度 ★☆☆☆☆

| 特色 |

提拉米苏是很经典的一道
甜点，具有浓郁的咖啡乳
酪味，制作方法也很简单。
家庭制作，做成小杯装的，
精巧又便于携带，送朋友
也是非常好的伴手礼。

主料：
* 马斯卡彭奶酪 200 克　　* 蛋清 2 个
* 手指饼干 14 条　　　　　* 细砂糖 50 克
* 蛋黄 3 个

辅料：
* 吉利丁片 10 克　　　　　* 白朗姆酒 1 汤匙
* 清水 1 汤匙　　　　　　　* 抹茶粉 4 茶匙

①马斯卡彭奶酪切成小
块，放入盆中，热水浴
软化，用硅胶刮刀碾压、
搅拌成膏状待用。

②吉利丁片剪碎，用冷
水泡软，沥干。放入小
碗中，隔水加热成溶液。

③将三个鸡蛋黄放入搅拌碗，加入清水、朗姆酒和30克细砂糖，用手动打蛋器搅拌均匀。

④将搅拌碗放入热水浴中，用电动打蛋器将蛋黄液打发。蛋黄不像蛋清那样容易打发，需要热水为其保温。

⑤打发好的蛋糊浓稠，颜色变成很浅的黄色。提起打蛋头，落下的蛋糊纹路不会马上消失。

⑥将打发好的蛋糊分三次加入马斯卡彭奶酪中成为奶酪糊。每加入一次都要用刮刀切拌到完全混匀，再加入下一次。

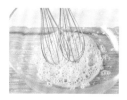
⑦另取一无油、无水的搅拌碗，放入蛋清，开电动打蛋器高速打发。

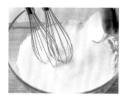
⑧分别在蛋清呈现鱼眼泡、粗泡和细腻膏状时，分三次加入细砂糖。细砂糖分次加入蛋清，打发的蛋清质地更蓬松。

⑨将蛋清打到硬性发泡成蛋白霜，即缓缓提起停止转动的打蛋头，蛋白霜可以出现直立的尖角。

⑩将搅拌好的奶酪糊分两次加入到蛋白霜中，每次加入都要充分切拌均匀。不要画圈，以免蛋白霜消泡。

⑪加入吉利丁液，用硅胶刮刀快速搅拌均匀待用。这一步不要用打蛋器，尽量避免消泡。

⑫将4茶匙抹茶粉放入大碗中，加入100毫升开水，用手动打蛋器搅拌到抹茶液表面有细小浅绿色泡沫。

⑬准备好6个小杯子，在每一个杯子里面放一层奶酪糊，轻轻震荡一下，让奶酪糊铺匀（有条件可冷藏2小时）。

⑭将手指饼干掰断，在抹茶液里面快速浸泡一下，捞出后放在奶酪糊上，铺满一层。

⑮最后盖上一层奶酪糊，直到杯口的高度，用刮刀将表面刮平。

⑯放入冰箱冷藏室中，冷藏6小时以上。上桌享用之前，用面粉筛在表面筛上一层抹茶粉即可。

烹饪秘笈

配方中奶酪糊里面加入了吉利丁片，在冷藏过后，奶酪糊会凝固比慕斯软一点的状态，如果喜欢吃更软的口感，可以减少一片吉利丁，甚至不加。最后组装时，先按照6个180毫升的小杯子准备，最后有多余的再继续装，不要一开始就装很多份，最后每一个都装不满就不好看了。

一轮甜蜜的暖阳
焦糖南瓜布丁

🕐 **80**分钟
烹饪时间

🍲 ★★★☆☆
难度

| 特色 |

南瓜的橙色是天然的着色剂，给这款布丁带来暖阳般的色彩。用奶油和焦糖中和掉南瓜独特的味道，剩下的只有绵密的口感。

主料：
* 红皮小南瓜 1 个
* 细砂糖 100 克
* 鸡蛋 2 个
* 淡奶油 150 毫升
* 牛奶 150 毫升

辅料：
* 肉桂粉 1/4 茶匙
* 豆蔻粉 1/8 茶匙
* 香草精 1 茶匙
* 开水 40 毫升

①取一个较深的小锅，放入50克细砂糖，小火加热到砂糖融化，开始冒泡。另准备好开水。

②糖液变成黄色时，用耐热刮刀缓慢搅拌糖液，到糖液熬成浅褐色时，关火。缓慢向锅中倒入开水，搅拌均匀。开水倒入后锅中会剧烈沸腾，小心不要烫伤。

③将熬好的焦糖浆倒入小烤碗中，铺满碗底约2毫米厚的一层即可，静置待用。

④将南瓜洗净，去蒂，用勺子挖去南瓜瓤，切成大块，蒸锅上汽蒸15分钟。

⑤蒸好的南瓜用小刀削去皮，保留约400克南瓜肉。生南瓜很硬，蒸熟再去皮更容易。

⑥将鸡蛋磕入碗中。鸡蛋不要直接放进料理机或者打蛋容器里，以免遇上变质的鸡蛋污染其他原料。

⑦将南瓜肉、牛奶、淡奶油、鸡蛋、香草精、肉桂粉、豆蔻粉和50克细砂糖放入料理机中，搅打成均匀的液体。

⑧将打好的南瓜液过筛两次，滤除没有打碎的南瓜肉和气泡，烤好的布丁才能更滑嫩。

⑨将南瓜液倒入装了焦糖液的烤碗中，倒paste后液面距离碗边5毫米以上。

⑩将小烤碗放入烤盘，往烤盘中注入热水，使水面没过烤碗的一半。烤箱预热160℃。

⑪将烤盘放入预热好的烤箱，水浴法烤40分钟。

⑫烤好的布丁取出，室温放凉后入冰箱冷藏。冷藏是为了让布丁口感更细密，4小时以上就好。

⑬用小刀沿着碗边划开一圈，在碗口盖上一个小盘子，压紧，倒扣，即可取出。

烹饪秘笈

做布丁的小烤碗最好是直身的，杯壁不要有弧度，否则最后扣出来四周不光滑。焦糖液最后会融化，倒扣时要选有深度的盘子。除了做成小杯的布丁，也可以用一个直边的深盘，烤整个的大布丁，最后切块吃。相应的，容器越大，烘烤的时间越长。

进阶版布丁

芒果乳酪布丁

🕐 **50分钟** 烹饪时间　🍲 **★☆☆☆☆** 难度

| 特色 |

会做布丁不算厉害，但能做出双色布丁，一定会收到更多的赞美。虽然看起来像鸡尾酒一样，但事实上只是多增加了一个步骤，这样小投入大回报的技能，怎能不掌握。

主料：
* 大芒果 1 个
* 牛奶 250 毫升
* 淡奶油 50 毫升
* 小三角奶酪 3 个

辅料：
* 吉利丁片 10 克
* 细砂糖 50 克

①吉利丁剪成小片，用冷水泡软，沥干。

②将吉利丁片放入小碗中，隔热水加热，使吉利丁片融化。

③在牛奶中加入细砂糖，用手动打蛋器充分搅拌均匀。将吉利丁液倒入牛奶中，搅拌均匀。

④芒果去皮，去核，切成小方块，放入搅拌机打成芒果泥。

⑤将芒果泥倒出，加入一半吉利丁牛奶液，搅拌均匀成芒果布丁糊。

⑥将芒果布丁糊过筛两次，滤除渣子，减少气泡。

⑦取两个透明杯子，倒入芒果糊，液面高度为杯子高度的 1/3~1/2 为宜。

⑧轻轻振动杯子，使液面更平整。将杯子放入冷冻室，冷冻 30 分钟。

⑨将小三角奶酪放入清洁的搅拌碗中，用硅胶刮刀压拌成膏状。

⑩分三次加入淡奶油，每次加入都用手动打蛋器充分搅拌均匀到没有奶酪颗粒，再加入下一次。

⑪将剩余的一半牛奶吉利丁液分三次加入到奶酪糊中，充分搅拌均匀，成为奶酪液。

⑫取出冷冻好的芒果布丁，将奶酪液倒入到杯子中，高度等于芒果布丁层的高度，放入冰箱冷藏 2 小时以上。

⑬上桌之前，在布丁表面摆上一些新鲜芒果块做装饰即可。

烹饪秘笈

芒果的用量比较随意，只要切出来的芒果肉有饭碗的半碗就够了，根据芒果的甜度可以调整糖的用量。小三角奶酪是替代奶油奶酪的，但是这种奶酪有点咸味，介意的可以换回奶油奶酪。芒果肉容易氧化，吃之前再切块装饰，或者换成糖水黄桃，颜色接近且不易变色，味道一样很好。

低调的深情
布朗尼

🕐 **50分钟**　烹饪时间　　🍲 ★☆☆☆☆　难度

| 特色 |

有一种美味叫不计成本，只为做给深爱的人品尝。调出适合他的甜度，一次次尝试，得出黄金配比，只为看到他吃下第一口时嘴角扬起的笑容。

主料：
* 无盐黄油 90 克　　* 核桃仁 50 克
* 低筋面粉 48 克　　* 鸡蛋 1 个
* 黑巧克力 50 克

辅料：
* 细砂糖 70 克

烹饪秘笈

烤得成功的布朗尼表面应该有一层干皮，里面却是比较湿润的，因此在烘烤的最后时间最好守在烤箱旁边，感觉差不多了就拿出来看看，用手按压一下，感觉表层硬度可以了就取出，完全烤干就失去了布朗尼应有的口感。切块时最好用锯齿刀，来回拖动着切才能切出漂亮的截面。

①黄油切成小块，室温软化到可以用手指按出小坑的程度。黄油要尽量软一些，但是保持固体状。

②烤箱预热 150℃，将生核桃仁略掰碎，放入预热好的烤箱，烘烤约 15 分钟，有香味溢出即可。

③黑巧克力放入较深的小碗，将碗放入热水盆，隔水融化成液体。然后取出放至室温，保持液体状态。

④软化好的黄油用硅胶刮刀搅拌，搅拌到黄油颜色略微变浅即可。整个过程只需要刮刀，无需打蛋器。

⑤加入室温的巧克力液，用刮刀搅拌均匀。

⑥加入打散的蛋液，同样拌匀。每加入一种材料，都要充分搅拌均匀才可以加入下一种。

⑦将低筋面粉筛入到黄油巧克力糊中，再筛入细砂糖，翻拌到没有干粉即可。

⑧放入晾凉的核桃仁，翻拌均匀。拌匀即可，不要过度搅拌，以免面糊起筋。

⑨烤箱预热 180℃。在模具内垫好防粘的油纸。

⑩将巧克力面糊倒入模具中，表面用刮刀大致刮平。

⑪将模具放入烤箱中层，烘烤 20 分钟后取出。

⑫将烤好的布朗尼连同油纸一起从模具中取出，撕掉四周油纸，放在晾架上冷却即可。

最简单的甜点

可丽饼

🕐 **40**分钟
烹饪时间

🍲 ★☆☆☆☆
难度

| 特色 |

可丽饼可以算是非常简单的甜点了，即使初次尝试，也基本不会失败，顶多饼皮不太漂亮。只要摊好饼皮，内馅变化多端。夹上水果和奶油，是餐后甜点。卷上蔬菜和肉类，就是一道漂亮的早餐。

主料：
* 低筋面粉 100 克   * 黄油 20 克
* 细砂糖 1 汤匙   * 鸡蛋 1 个
* 牛奶 180 毫升   * 香草精 几滴

辅料：
* 淡奶油 100 毫升   * 猕猴桃 1 个
* 蓝莓 适量   * 巧克力酱 适量
* 黄桃 适量   * 食用油 少许

①将细砂糖放入低筋面粉中，用打蛋器拌匀。黄油融化成液体。

②鸡蛋打散，加入到牛奶中，再加入融化的黄油，滴入香草精，同样搅拌均匀。

③将蛋奶液加入到低筋面粉中，充分拌匀，有少许面疙瘩也没关系。放入冰箱冷藏半小时。

④中火加热不粘平底锅，用厨房纸巾蘸取食用油，在锅底抹匀，使锅底均匀挂上薄薄一层油。

⑤平底锅暂时离火，用勺子舀一勺面糊，倒入锅中，转动锅，使面糊铺满锅底。

⑥将锅再放回到火源上，煎到饼皮表面凝固。

⑦将铲子小心地插到饼底，贯穿饼底，快速翻面。

⑧继续煎 20 秒左右，出锅，放凉。直到将所有的面糊摊完。

⑨等待饼皮冷却的时候处理水果。蓝莓洗净；猕猴桃去皮，切片；黄桃切块。淡奶油加少许细砂糖打发。

⑩饼皮充分冷却后，涂上适量打发的淡奶油，夹上水果，卷好，表面淋少许巧克力酱即可。

烹饪秘笈

面糊搅拌好之后经过冷藏，摊出的饼会更柔软，经过静置面疙瘩也会化开。面糊冷藏之后，在摊饼之前要再略搅拌一下，让面糊更均匀。想要煎出漂亮的饼皮就要慢慢尝试合适的火力，这种情况下最前面两张饼通常不会太好看，后面的就漂亮了。

奶油溢满口
芒果班戟

🕐 **70分钟** 烹饪时间 ┆ 🍲 难度 ★★★☆☆

|特色|

鸡蛋赋予了班戟皮天然的浅黄色，一个个光洁饱满，圆润可爱，静静地等在盘子里，即使用手拿着吃也不会沾到满手奶油。柔软绵密的面皮，包裹着充盈的奶油，中间还有一块酸甜冰凉的水果来中和甜腻的口感。

主料：
* 鸡蛋 2 个
* 黄油 30 克
* 细砂糖 25 克
* 低筋面粉 80 克
* 玉米淀粉 20 克
* 牛奶 250 毫升
* 香草精 1/2 茶匙

辅料：
* 淡奶油 250 毫升
* 细砂糖 25 克
* 芒果 适量

①黄油放入小碗中，加热融化成液体，再冷却到室温备用。

②鸡蛋打散，加入 25 克细砂糖，用打蛋器打发。均匀即可，不用打发。

③加入牛奶，放入香草精，用打蛋器搅拌均匀。

④将低筋面粉和玉米淀粉筛入牛奶蛋液中，搅拌到没有大的面粉颗粒。

⑤倒入融化的黄油，搅拌均匀，不要过度搅拌，不出现油水分离即可。

⑥将搅拌好的面糊过筛，滤掉面糊里的蛋筋和面粉颗粒。

⑦准备一个平底不粘锅，小火加热。锅热之后，再轻轻搅拌一下面糊，以免面糊分层。

⑧盛一勺面糊倒入锅中，晃动锅，使面糊铺满锅底成为一层饼皮。动作要快，面糊很容易凝固。

⑨在饼皮不均匀的地方补充一些面糊。保持小火加热，当饼皮鼓起一些大气泡时，就表示饼皮熟了。

⑩用刮刀轻推饼皮边缘，使其与锅分离，将饼皮取出，扣在油纸上，铺平，继续摊下一张饼皮。

⑪摊好的饼皮直接叠放没有关系，全部摊好后用油纸整体包好密封，放入冰箱冷藏半小时。

⑫利用冷藏的间隙打发淡奶油。250毫升淡奶油中加入约25克细砂糖，打发到可以裱花的程度。

⑬芒果去皮，切成小块。冷藏好的饼皮取出，一张张轻轻揭开。揭开后可以再叠放，不会粘在一起。

⑭将饼皮没有接触平底锅、更漂亮的一面向下，铺在操作台上。

⑮在饼皮中央放适量奶油，奶油上放上芒果块。不熟练时，馅料不要放太多，免得最后包不上。

⑯将靠近自己身体那边的饼皮提起，盖上奶油芒果，略压紧。

⑰再将左右两边往中间折，然后将包好的部分向下翻折。全部包好后，放入密封盒，放进冰箱冷藏30分钟以上，给班戟定形。

烹饪秘笈

做班戟皮的面糊里含有黄油，摊饼皮时不粘锅不用再放油。刚摊好的饼皮表面有很多黄油，所以饼皮很油腻，但是不会粘连。将饼皮做好后密封冷藏，油脂会被饼皮吸收，口感更好。如果担心饼皮最后不好揭开，可以在饼皮之间垫上油纸或保鲜膜。摊饼皮时，如果面糊流动性很差，适当补充些牛奶，搅拌均匀即可继续。

酷酷的味道
黑樱桃乳酪慕斯

⏱ **90**分钟 烹饪时间 🍲 难度 ★★★☆☆

| 特色 |

黑樱桃酱的甜味有点特别，甜蜜中带着淡淡的苦味，似乎还有些酒香，这样的味道小朋友可能不会喜欢，但是对于成年人有足够的吸引力。奶香、果香混合在一起，散发着酷酷的味道。

主料：
* 淡奶油 220 毫升
* 奶油奶酪 130 克
* 原味酸奶 50 克
* 黑樱桃果酱 130 克
* 吉利丁片 3 片
* 朗姆酒 1 汤匙
* 车厘子 200 克

辅料：
* 奥利奥饼干 120 克
* 无盐黄油 40 克

①车厘子洗净，擦干表面水分。去蒂，去核，每个车厘子切成四块。如果买的车厘子比较酸，加适量白糖，密封腌制一会儿。

②奥利奥饼干扭开，用小刀刮掉白色的夹心，黑色饼干装进厚实的食品袋。

③将刮干净的饼干用擀面杖压成碎末，一定要尽量碎，否则最后饼底不易成型。黄油融化成液体。

④预留出1汤匙饼干碎做装饰，其余倒入碗中，加入液体黄油，充分搅拌均匀，使全部饼干碎湿润度一致。

⑤在活底模具底部和四周垫上油纸，将黄油饼干碎倒入，铺平，用勺子背压实。放入冰箱冷藏备用。

⑥奶油奶酪放入搅拌碗中，坐在热水浴中软化，用手动打蛋器搅打到顺滑。

⑦放入黑樱桃果酱，用打蛋器搅拌均匀。

⑧加入酸奶和朗姆酒，充分拌匀成樱桃乳酪糊。搅拌碗边缘的也要刮下来，确保搅拌碗中每一部分的成分是一样均匀的。

⑨吉利丁剪成小片，放在小碗中，加冷水泡软后沥干。隔水加热，使吉利丁融化成液体。

⑩将吉利丁液倒入樱桃乳酪糊中，充分搅拌均匀备用。

⑪将淡奶油从冰箱中取出，用电动打蛋器将奶油打到四成发，就是可以出现纹路，但是纹路很快消失的状态。

⑫先倒一半淡奶油到樱桃乳酪糊中，用刮刀翻拌均匀。再倒入另一半，彻底拌匀成为慕斯糊。

⑬将铺好饼底的模具从冰箱中取出，倒入一半慕斯糊。

⑭铺上切好的车厘子颗粒。均匀撒上一层就好，不要太靠近模具边缘。如果是放糖腌制过的，需要沥干水分。

⑮倒入另一半慕斯糊，轻轻震荡模具，使表面平整。将模具放入冰箱冷藏 4 小时以上。

⑯冷藏好的慕斯取出，用一块热毛巾在模具侧面捂一下，使侧面微微融化，更易脱模。

⑰脱模之后，用预留的饼干碎在慕斯表面边缘撒上一圈。

⑱在慕斯蛋糕正中央，交错着摆上两块奥利奥饼干做装饰。切块时将刀微微加热，切出的截面会更整齐。

烹饪秘笈

市面上有进口的黑樱桃果酱，进口果酱没有那么甜，喜欢甜一点的可以自己添加一些糖粉，喜欢更酸的就加一些柠檬汁。慕斯的成分比例要求没那么严格，做好慕斯糊之后可以尝一下，再根据自己的喜好调整口味。但这时候如果想更甜些，只能加糖粉，再加细砂糖就不容易融化了。

用心的甜点

舒芙蕾

🕐 75分钟 烹饪时间 | 🍲 难度 ★★★★★

| 特色 |

有个厨艺节目里，帅哥厨师说女嘉宾像舒芙蕾一样，很难搞。他说得对也不对，制作舒芙蕾的确对操作手法有要求，但只要掌握了方法，其实很简单，需要的只是用心。而且在付出了心血之后，收获的一定是能让你微笑的美丽样子。

主料：
* 鸡蛋 2 个
* 淡奶油 50 毫升
* 牛奶 100 毫升
* 中筋面粉 1 汤匙
* 玉米淀粉 1 茶匙
* 细砂糖 4 汤匙
* 柠檬汁 几滴
* 香草精 1/4 茶匙

辅料：
* 软化黄油 适量
* 细砂糖 适量
* 糖粉 少许

①用小刷子沾上软化的黄油，在烤碗内部均匀涂上一层黄油。黄油的厚度能粘住细砂糖即可，不要太多。

②在烤碗里放细砂糖，把杯子立起来，转动一圈，使杯底和杯壁均匀地粘上一层细砂糖。多余的砂糖倒出来不要。

③将鸡蛋黄和鸡蛋清分离。蛋清里不能混有蛋黄，放入无油无水的打蛋盆中，连盆一起放入冰箱冷藏。

④在蛋黄里加入 2 汤匙细砂糖，滴入香草精，用手动打蛋器搅拌均匀。

⑤将面粉和玉米淀粉筛入到蛋黄液中，用打蛋器拌匀。

⑥将牛奶和淡奶油放入小锅中，小火加热。加热到锅边有小气泡出现时，离火。

⑦将牛奶液一点点地倒入蛋黄液中，一边倒一边搅拌，直到成为质地均匀的蛋奶糊。

⑧将蛋奶糊重新倒回煮牛奶的小锅中，开小火加热，一边加热一边用手动打蛋器搅拌。

⑨当锅中的蛋奶糊变浓稠后，换耐热刮刀，抄底搅拌，使锅中的蛋奶糊受热均匀。

⑩用刮刀盛起蛋奶糊，落下的蛋奶糊很有黏性的时候，关火，盖上保鲜膜放室温冷却。

⑪到蛋奶糊彻底冷却后，取出蛋清，滴入几滴柠檬汁，用电动打蛋器打发。烤箱预热180℃。

⑫在蛋清分别呈现鱼眼泡、粗泡和膏状的时候，将2汤匙细砂糖分三次加入，将蛋清打发。

⑬蛋清打发到提起停止转动的打蛋器可以拉出小尖角的状态即成蛋白霜。

⑭取1/2的蛋白霜，放入蛋奶糊中，切拌均匀。这个步骤是为了稀释蛋奶糊，使蛋奶糊的质地与蛋白霜接近。

⑮把混合后的蛋奶糊倒入蛋白霜中，用刮刀切拌均匀，注意刮盆，每一下切拌都要将刮刀插到盆底。

⑯将蛋白霜和蛋奶糊混匀即可，过度搅拌会使蛋白霜消泡。将混合好的面糊放入烤碗中，多放一些。

⑰用刮刀将烤碗表面刮平，放入预热好的烤箱中层，烘烤15分钟。

⑱烤好的舒芙蕾取出，不用脱模，在表面筛上一层糖粉即可上桌。

烹饪秘笈

在打发蛋清时，一定要保证打蛋器和打蛋盆都无油无水，也不能混进蛋黄，否则会影响蛋白的打发，并且越凉的蛋白越容易打发。打发过程中，在蛋清状态有明显变化时分三次加糖即可，一次性加进去蛋白打发会差一点。舒芙蕾出炉后高度会降一点点，时间越长松软度越差，因此要尽快享用。

源自巴黎的美味

布鲁耶尔洋梨挞
（法国杏仁洋梨挞）

🕐 烹饪时间 **100分钟**　　🍲 难度 ★★★☆☆

| 特色 |

它源自巴黎布鲁耶尔大街的一家甜品店，拥有清新的外表和浪漫的名字。烘烤过的杏仁奶油馅外脆内软，洋梨表面刷上了果胶，晶莹剔透。一口咬下去，口感绝对配得上它迷人的外表。

主料：
* 杏仁粉 33 克
* 糖粉 33 克
* 杏仁片 1 汤匙
* 罐头洋梨 4 片
* 鸡蛋 33 克
* 杏果酱 2 茶匙
* 无盐黄油 33 克
* 朗姆酒 1 茶匙

辅料：
* 低筋面粉 100 克
* 牛奶 1 茶匙
* 无盐黄油 50 克
* 糖粉 20 克
* 蛋黄 1 个
* 盐 少许

①将 50 克黄油充分软化到可以用刮刀压拌的程度，加入 20 克糖粉和盐，用刮刀拌匀。

②加入鸡蛋黄，搅拌到蛋黄和黄油完全融合，成分均一，不发生水油分离。

③放入牛奶，继续拌匀后筛入低筋面粉，用刮刀切拌成粗大的块状。

④用刮刀压拌、切拌相结合，使材料充分融合，成为光滑有光泽的面团。

⑤将面团从搅拌盆中取出，揉圆，再压成厚片，用保鲜膜包好，放进冰箱冷藏2小时以上。

⑥将洋梨从罐头中取出，沥干水分后放在厨房纸上，吸干水分，尽量让洋梨片干爽一些。

⑦冷藏好的面团取出，放在较大的保鲜袋中央，隔保鲜袋擀成直径约20厘米、厚度均匀的圆面片。

⑧将保鲜袋撕开，面片一面朝下，盖在派盘上，去掉全部保鲜袋，用手将面片贴合在派盘上。

⑨用小叉子在面皮底面扎满小洞，用擀面杖在派盘上滚一下，将多余的面皮完整地切下来。做好后放冰箱冷藏。

⑩制作内馅。将33克黄油充分软化，加入33克糖粉，搅拌均匀。

⑪分两次加入打散的蛋液，拌匀。再加入朗姆酒，充分搅拌到完全融合。

⑫筛入杏仁粉，拌匀，杏仁奶油馅制作完成。将冷藏的派盘取出，把杏仁奶油馅转移到挞皮里。

⑬把内馅表面大致抹平，馅料的高度要低于挞皮边缘2毫米左右，以免烤的时候馅料溢出太多。

⑭将洋梨切成厚度约3毫米的片，切好后借助刀子，转移到挞表面。烤箱预热180℃。摆好后用手指从梨的尾端向头部轻推一下，让梨片倾倒，自然成形。然后把所有的梨片切好，摆好。

⑮在杏仁奶油馅表面均匀撒上杏仁片，不要撒太多。将派盘放入预热好的烤箱中下层，烘烤约35分钟。

⑯利用烘烤的时间做镜面果胶。2茶匙杏果酱加上1汤匙水，微波炉加热后拌匀即可。

⑰烤好的洋梨挞取出，冷却15分钟后脱模。放在晾架上，在洋梨表面刷上果胶即可。

烹饪秘笈

借助保鲜袋转移面片可以让面片不容易撕裂。在面片底部扎小孔，烘烤时挞皮不容易鼓起来。摆上洋梨片后，可以轻轻地往馅料里压一下，让梨肉嵌进去一点，更好看。烘烤过程中，只要烤到颜色满意了，就可以加盖锡纸，奶油馅上色很快，容易烤焦。

 烹饪时间 **75分钟**   难度 ★☆☆☆☆

| 特色 |

炎炎夏日食欲不振时，从冰箱里取出冰镇的椰浆和水果，煮上一小把西米，好像画面一下子就能切换到阳光、沙滩、椰子树，在自家的厨房里也能享受到热带风情。

主料：
* 西米 40 克
* 芒果 1 个
* 草莓 8 个
* 椰奶 100 毫升

辅料：
* 淡奶油 40 毫升
* 炼乳 1 汤匙
* 糖粉 1 茶匙
* 鲜薄荷叶 2 对

①用一个小锅烧开水，水量需要是西米量的 4 倍以上，水沸腾后保持中火，放入西米。

②中火煮 10 分钟，期间搅拌一下，避免西米粘连。关火，闷 20 分钟。

③用冷水冲洗西米，把表面的黏液洗净，洗到西米触感爽滑。

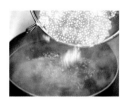

④再烧一锅清水，煮到沸腾后放入洗净的西米，同样的方法，煮 10 分钟，闷 20 分钟，用凉水洗净。

⑤将煮好的西米放入冰水中，彻底冷却。然后开始准备水果和奶油。

⑥淡奶油中加入糖粉，用打蛋器打到四成发左右，即可以形成纹路，但是纹路会慢慢消失的状态。

⑦将芒果去皮，切成小方块，最整齐的留出来最后装饰用。草莓洗净，切掉蒂，切成小块。

⑧将芒果块取 2/3 平铺在玻璃杯底，在芒果块上盖上一层打发的淡奶油。

⑨用茶匙盛取西米，撒在淡奶油上，西米不要全放进去，预留出一部分最后装饰。

⑩再放草莓块，同样，形状最漂亮的摆在最上面，中间部分堆得高一些。

⑪椰奶摇匀，缓慢倒入杯中，没过大部分草莓块即可。椰奶容易沉淀分层，倒出之前要摇匀。

⑫用茶匙淋入少许炼乳。再放些西米，不要太多，别盖住草莓。

⑬最后装饰少许芒果块，每个杯子里摆上一对鲜薄荷叶即可。

烹饪秘笈

制作这种小杯的果汁类甜点，最重要的是容器和水果的选择，椰奶比牛奶浓稠，有独特的椰子味，不太适合搭配过酸的水果，并且水果的颜色也要考虑，选择颜色鲜艳的搭配在一起成品才好看。至于容器，选择体积小一点、圆底的矮胖玻璃杯，会做出赏心悦目的效果。

有格子的饼饼

香草华夫饼

🕐 **20**分钟
烹饪时间

🍲 ★☆☆☆☆
难度

| 特色 |

华夫饼最可爱的地方就是它的格子，不仅好看，而且让一块华夫饼上有薄有厚，同时存在两种口感。点缀新鲜的水果，淋上几种不同的酱汁，搭配一杯黑咖啡，即可获得视觉和味觉的双重满足。

主料:
* 鸡蛋 2 个
* 牛奶 50 毫升
* 低筋面粉 120 克
* 细砂糖 40 克

* 玉米淀粉 30 克
* 泡打粉 4 克
* 黄油 45 克
* 香草精 1/4 茶匙

辅料:
* 树莓 适量
* 蓝莓 适量

* 冰激凌 60 克
* 焦糖酱 适量

烹饪秘笈

煎华夫饼如果用电加热模具,可以省略翻面的步骤。装饰用的冰激凌可以换成鲜奶油,水果可以换成任何你喜欢的。表面淋酱用果酱、枫糖浆或蜂蜜均可。但是不管是用冰激凌还是奶油装饰华夫饼,一定要冷却了再放上去,否则奶油和冰激凌瞬间就会被烫到融化,不好看也不好吃。

①称量好低筋面粉、玉米淀粉和泡打粉,放入小盆,用手动打蛋器将粉类搅拌均匀。

②黄油加热融化成液体,冷却到室温备用。黄油不能太热,太烫的黄油会把鸡蛋烫熟。

③鸡蛋打入碗中,加细砂糖,用打蛋器搅拌均匀。

④倒入牛奶和融化的黄油,加香草精,搅匀成为蛋奶液,一定要搅匀,不要出现油水分离。

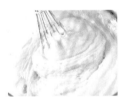

⑤将混合的粉类筛入到蛋奶液中,用蛋抽搅拌均匀,成为华夫饼面糊。注意盆壁上沾的面糊也要刮下来搅匀。

⑥预热华夫饼模具。如果是电动的,按照说明书预热。如果是需要外加热源的,小火加热。

⑦预热完成后,用耐热刷子,在模具内部薄薄刷上一层软化黄油,上下两面都要刷到,特别是边角位置。

⑧倒入面糊,使面糊铺满模具,不要让面糊溢出来,那样煎出的华夫饼边缘不够整齐,模具也不好清理。合上模具,小火烘烤1分钟,然后将模具翻面。继续烘烤一两分钟。模具四周会冒出水蒸气。尽量多翻面,让华夫饼受热均匀。

⑨到看不到水蒸气溢出时,打开模具看一下。如果华夫饼从模具上脱落,那这一面就熟了。没有脱落的一面继续煎一会儿,直到能自行脱落。

⑩煎好的华夫饼放在晾架上冷却,热的时候尽量不要重叠,让热气和水汽散发出去。

⑪取两片冷却的华夫饼放在盘子里,用冰激凌勺挖一球冰激凌摆在华夫饼上。周围装饰洗净晾干的蓝莓和树莓,淋上适量焦糖酱即可。

177

圆滚滚的小可爱
巧克力泡芙

🕐 100分钟　　🍳 ★★★★★
烹饪时间　　　难度

| 特色 |

泡芙最美妙的地方就在于，原本圆滚滚而轻盈的身体中，因为被灌注了满满的新鲜奶油，而变得厚重又有内涵。吃的时候可以不在乎形象，一口咬下，体会香滑的奶油溢满口中的那种满足感。

主料：
* 黄油 45 克
* 细砂糖 4 克
* 盐 1 克
* 牛奶 110 毫升
* 低筋面粉 55 克
* 鸡蛋 2 个
* 可可粉 5 克

辅料：
* 淡奶油 120 克
* 细砂糖 15 克

烹饪秘笈

在挤泡芙面糊时，一定要尽量挤到每个泡芙坯都差不多大小，那样才能让泡芙一起被烤熟，不会出现有的火大了，有的还没熟。可以找一个直径大约 4 厘米的小杯子，杯口沾上面粉，在油纸上印一下，留下浅浅的痕迹，再挤面糊时就有参照了，容易挤得大小更均一。

①鸡蛋打散成蛋液，低筋面粉和可可粉混合过筛备用。另准备一个干净的搅拌盆。

②将黄油、4 克细砂糖、盐和 110 毫升牛奶放入小锅中，小火加热至微微沸腾。

③将面粉与可可粉的混合物放入小锅中，用刮刀快速搅拌成为无干粉、光滑的面团。

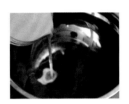

④约半分钟后，锅底出现一层薄膜。将面团转移至另一搅拌盆中，底部薄膜不要。分四次加入鸡蛋液，搅拌均匀。

⑤当搅拌到提起刮刀，挂在刮刀上的面糊呈现三角形的一片时，即表示面糊做好了。

⑥烤盘上垫上油纸，将面糊装入裱花袋，前段剪开。烤箱预热 200℃。

⑦在烤盘上挤出直径 4 厘米的泡芙坯，每个间隔 2 厘米以上。泡芙会涨大很多，间距要留够。

⑧叉子沾水，将泡芙坯的尖角压平，否则泡芙烤好后最上面会有个尖角。

⑨烤箱预热完成后将烤盘放入，降低至 180℃，烘烤约 35 分钟。中间不要打开烤箱门，以免泡芙塌陷。

⑩烤好的泡芙取出，放在晾架上晾凉。120 克冷藏淡奶油中加入 15 克细砂糖，打至八成发。

⑪泡芙充分冷却后，用小刀在底部戳一个小洞，将淡奶油挤入即可。

地道香港味
港式菠萝油

⏱ 4小时
烹饪时间

🍲 ★★★★★
难度

|特色|

菠萝油由香港特色食品菠萝包发展而来。菠萝皮的存在，使面包香甜酥脆，趁着微微的温热，夹上一片略带咸味的黄油。面包的温度使黄油缓缓融化，咬在口中，甜中带咸，唇齿留香。

主料：

* 高筋面粉 160 克
* 低筋面粉 30 克
* 牛奶 70 毫升
* 淡奶油 40 克

* 细砂糖 25 克
* 盐 2 克
* 干酵母 3 克
* 无盐黄油 15 克

辅料：

* 无盐黄油 45 克
* 糖粉 45 克
* 盐 少许
* 低筋面粉 85 克

* 奶粉 10 克
* 全蛋液 25 克
* 有盐黄油 适量

①将主料中的高筋面粉、低筋面粉、牛奶、淡奶油、细砂糖、盐和干酵母放入面包机中，启动和面程序。

②到桶内没有干粉时，停止和面，静置20分钟，让面团内部生成面筋。

③20分钟后，加入主料中的黄油，重新启动，完成一个和面、发酵过程。程序完全结束后，一次发酵完成。

④准备菠萝皮。将辅料中的黄油、糖粉、盐、奶粉、蛋液和低筋面粉放进搅拌盆。

⑤先用刮刀切拌到没有干粉，再用手揉成光滑面团。用保鲜膜包好备用。

⑥将一次发酵完成的面团取出，按压排气，平均分成6等份，滚圆。静置15分钟，让面团松弛一下。

⑦将菠萝皮面团均分成6份。取一份揉圆，夹在两张保鲜膜之间，用擀面杖将菠萝皮擀成一片。

⑧去掉一张保鲜膜，借助保鲜膜将菠萝皮盖在面团上，用手整形，让菠萝皮包裹住面团。

⑨用水果刀刀背在菠萝皮上刻上网格，刀背比较厚，刻的格子会更明显。然后把菠萝包摆在烤盘上。

⑩全部做好后，将烤盘放入烤箱，放入一碗开水，关上烤箱门，进行二次发酵，时间约为1小时。

⑪二次发酵完成后，将烤盘和开水取出，在菠萝皮表面刷上一层全蛋液。烤箱预热175℃。

⑫将烤盘放入烤箱中下层，烘烤约18分钟即可。中途若上色过重需加盖锡纸。

⑬菠萝包烤好之后放在晾架上晾凉。当温度冷却到手温时，就可以夹黄油了。

⑭把菠萝包从侧面切开2/3，将冷藏的有盐黄油切成厚度约2毫米的厚片，塞进菠萝包的切口即可。

烹饪秘笈

在擀制菠萝皮时，菠萝皮的大小以能盖住面团的上表面为最好，不要擀得太小太厚。夹在菠萝包里的黄油片最好选择有盐的，黄油的咸味不重，淡淡的咸味搭配菠萝包的甜味，会让口味更丰富。

湿润细滑好口感
纽约乳酪蛋糕

🕐 **100分钟** 烹饪时间　　🍲 难度 ★★★☆☆

| 特色 |

传统的重乳酪蛋糕虽然绵密醇厚，但是因为
包含奶油奶酪的比重大，液体相对较少，使
整个蛋糕体比较干，口感不够细滑。纽约乳
酪蛋糕弥补了这点遗憾，酸奶油和淡奶油的
加入，让烤出的蛋糕体更湿润细滑。

主料：

* 奶油奶酪 200 克　　* 鸡蛋 2 个
* 细砂糖 80 克　　　　* 香草精 1 茶匙
* 淡奶油 250 毫升　　 * 朗姆酒 1 汤匙
* 柠檬汁 15 毫升　　　* 玉米淀粉 15 克

辅料：

* 消化饼 100 克　　　* 无盐黄油 50 克

①100毫升淡奶油中加入5毫升柠檬汁，静置30分钟，成为酸奶油的替代物。

②消化饼放入袋中用擀面杖碾碎，加入融化的黄油，搅拌均匀。

③在活底模具侧面涂上一层软化黄油，贴上蛋糕围边油纸，使油纸贴服模具壁，方便脱模。

④将搅匀的消化饼碎倒入活底模具中，铺平，用勺背压实。

⑤裁两张锡纸，将活底模具的底面和侧面包起来，防止水浴烘烤过程中模具进水。

⑥奶油奶酪切成小块，放入搅拌盆，坐在热水浴中，加入80克细砂糖，用打蛋器搅拌至顺滑。

⑦分三次加入刚做好的酸奶油，每次加入都充分拌匀。制作全程使用手动打蛋器即可。

⑧鸡蛋打散成蛋液，分3次以上加入，每次拌匀。加入朗姆酒、香草精、10毫升柠檬汁和150毫升淡奶油，拌匀。

⑨筛入玉米淀粉，拌匀成乳酪糊。将乳酪糊过筛一次，滤掉渣子，使蛋糕体更细腻。烤箱预热175℃。

⑩将乳酪糊倒入模具中，震荡出大气泡。模具放在烤盘里，往烤盘中注入冷水，浸没模具的一半。

⑪将烤盘放入预热好的烤箱中下层，保持175℃烘烤30分钟，然后降低到150℃烘烤30分钟。

⑫烤好后不要将蛋糕取出来，在烤箱中等到蛋糕自然冷却再取出。

⑬冷却的蛋糕连模具一起放入冰箱中冷藏6小时以上，让蛋糕变坚挺，组织更细腻绵密。

烹饪秘笈

烤乳酪蛋糕很容易遇到的问题就是蛋糕表面开裂，家用烤箱体积小，更易发生这种情况。在烘烤过程中，烤箱中的水一旦将要沸腾或者已经沸腾了，就把烤盘取出来，换上冷水，虽然麻烦一些，但是减小了开裂的风险。烘烤的后半程，如果蛋糕表面上色足够了，及时加盖锡纸，别烤煳了。

煮熟的奶油

意式奶冻

 50分钟
烹饪时间

难度 ★★★☆☆

184

| 特色 |

意式奶冻"Panna cotta"这一名称的字面意思就是"煮熟的奶油"。在奶油、牛奶和糖中加入明胶，低温冷藏成稠厚奶冻，通常会与红色果酱搭配在一起，也可以配上融化的巧克力或是甜蜜的焦糖酱。

主料：
* 淡奶油 200 毫升
* 细砂糖 30 克
* 牛奶 60 毫升
* 吉利丁片 4 克
* 香草精 1/4 茶匙

辅料：
* 鲜树莓 70 克
* 细砂糖 25 克
* 鲜薄荷叶 适量

①吉利丁剪成小片，用冷水泡软。一般吉利丁一片是5克，剪掉一点不用，剩下的剪碎泡软即可。

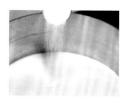

②小奶锅中倒入淡奶油和牛奶，加入30克细砂糖和香草精，小火加热。

③一边加热一边用耐热刮刀搅拌，到奶液快要沸腾时，离火。

④加入泡软沥干的吉利丁片，继续搅拌到吉利丁片溶解。溶化后继续搅拌一会儿，防止结出奶皮。

⑤选几个底部漂亮的容器，将奶液倒入到适合的高度，室温冷却后放冰箱冷藏4小时以上。

⑥将树莓洗净，选出一些果形漂亮的留作装饰，其余放入耐热碗中。

⑦耐热碗中加入25克细砂糖和1汤匙清水，用保鲜膜包好，放入微波炉，中火加热3分钟。

⑧加热好的树莓取出。取一只细网漏勺，下面衬一个碗。将树莓连同汁液倒入滤网。

⑨用刮刀在滤网中碾压树莓，直到全部通过滤网。拌匀，即成树莓酱汁。

⑩在奶冻上淋上树莓酱，装饰新鲜树莓和薄荷叶即可。

烹饪秘笈

吉利丁片的用量决定了奶冻的口感，放得越多，奶冻口感越劲道，所以可根据自己的喜好调整用量，但是不能放太少，否则奶冻会不成形。装饰用的树莓酱，没有熬制过程，现做的颜色很鲜艳，随意用勺子淋在盘子里就很好看。

恋爱的味道
草莓布丁派

⏱ **90分钟** 烹饪时间　🍳 ★★★☆☆ 难度

因为派馅的口感跟布丁相似，所以叫布丁派，把馅料直接放进杯子里，做出来的就是布丁。派皮酥软，内馅滑嫩，装饰上颜色艳丽的草莓，点缀翠绿的薄荷叶，是视觉和味觉的双重享受。

主料：
* 无盐黄油 60 克
* 细砂糖 40 克
* 蛋黄 1 个
* 低筋面粉 120 克
* 杏仁粉 20 克
* 香草精 1/4 茶匙

辅料：
* 鸡蛋 2 个
* 细砂糖 50 克
* 牛奶 140 毫升
* 淡奶油 120 毫升
* 香草精 1 茶匙
* 吉利丁片 7 克
* 清水 25 毫升
* 草莓、薄荷叶各适量

①无盐黄油室温软化，加入细砂糖，用打蛋器打到颜色变浅，加入蛋黄和香草精，搅打到完全融合。

②低筋面粉和杏仁粉筛入到黄油糊中，用刮刀翻拌，直到没有干粉。

③换用手继续揉成光滑面团，压扁，用保鲜膜包紧，放入冰箱冷藏一两个小时。

④冷藏好的面团取出，隔保鲜膜擀开成面积超过派盘的大片。

⑤去掉表面保鲜膜，将派盘扣放，下压，切割面团。将派盘翻过来，整形派皮使其贴合模具。

⑥烤箱预热175℃。在派皮上放上一张油纸，铺上派石或红小豆，防止烘烤时派皮鼓起。

⑦将派盘放进烤箱中下层，烘烤15分钟后去掉油纸和派石，继续烤10分钟，烤到派皮成浅金色即可。

⑧将派盘放在晾架上，冷却到不烫手了，脱模，彻底晾凉。在等待冷却的时间制作布丁派内馅。

⑨将吉利丁剪成小片，在冷水中泡软、沥干。隔热水融化成液体备用。

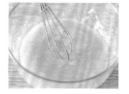

⑩将鸡蛋液和细砂糖放入搅拌盆，搅拌均匀到砂糖大致溶解。鸡蛋选择个大的，约55克一个的。

⑪将牛奶、淡奶油和清水放入到小锅中，小火加热到即将要沸腾后离火。

⑫在奶液中分次加入吉利丁液，每次加入都彻底搅拌均匀。

⑬将奶液倒入蛋液中，加入香草精，充分搅拌均匀成为布丁液。

⑭将布丁液过滤一次，使组织更细腻。然后连同搅拌盆一起放入冷水中冷却，期间轻轻搅拌一下。

⑮布丁液冷却后，倒入派皮中，别倒太满，否则移动过程中容易溢出。放入冰箱冷藏2小时以上。

⑯将草莓洗净，选择个头小一些的，不去蒂，对半剖开。

⑰将草莓装饰到布丁派上，以新鲜薄荷叶点缀即可。

烹饪秘笈

摆草莓时，只覆盖布丁表面的一半，露出底下白白的布丁，视觉效果会更好。杏仁粉会让派皮更酥松更香，实在没有也可以不要，替换成等量的低筋面粉即可，但是口感会有差别。烤派皮时注意上色，如果表面颜色太深要及时加盖锡纸，再降温烤。只有一次烘烤过程，要把派皮烤熟。

法式百年经典
玛德琳小蛋糕

⏱ 150分钟 烹饪时间   🍱 ★★★☆☆ 难度

| 特色 |

玛德琳蛋糕是法国传统的古典蛋糕。这款贝壳形状的小点心历史悠久，将它推上世界级美食殿堂的功臣，是法国大文豪普鲁斯特。普鲁斯特因为对这款蛋糕的回忆，令他写出了长篇文学巨著《追忆似水年华》，也将玛德琳蛋糕推上了历史舞台。据传闻，1730年，美食家波兰王雷古成斯基流亡在梅尔西城。有一天正值宴会，厨师在上甜点前溜掉不见了。这时有个女仆临时烤了她的拿手小点心送出去应急，没想到竟然很得雷古成斯基的欢心，于是就用女仆的名字玛德琳来为这款美味小蛋糕命名。

主料：
* 柠檬 1 个
* 细砂糖 50 克
* 鸡蛋 1 个
* 牛奶 18 克

* 低筋面粉 60 克
* 泡打粉 1/4 茶匙
* 黄油 50 克

辅料：
* 香草精几滴

①将柠檬皮擦屑放入一个大碗中备用。

②将细砂糖倒入柠檬皮屑中混合均匀，放置半小时左右。

③向装柠檬皮屑的碗中，打入鸡蛋，用打蛋器混合均匀。

④在混合物中加入牛奶，继续混合均匀。

⑤取一容器，将泡打粉和低筋面粉混合。

⑥将混合泡打粉的低筋面粉用面粉筛过筛。

⑦将过筛好的粉类加入到鸡蛋混合物中，滴入香草精。

⑧用橡皮刮刀混合均匀。

⑨另取一容器，将黄油切成小块后隔水融化。

⑩将融化好的黄油加入到混合物中。

⑪将混合物用橡皮刮刀由下至上翻拌均匀，放入冰箱冷藏 2 小时以上，过夜最佳。

⑫在玛德琳模具中刷一层融化的黄油，并撒上一点低筋面粉防粘。

⑬从冰箱中取出玛德琳糊，用勺子将面糊放入玛德琳模具中至八分满。

⑭将玛德琳糊中的气泡震出。

⑮烤箱 190℃预热 5 分钟，将准备好的玛德琳糊放入，烤 12 分钟至玛德琳鼓起，表面金黄时取出，趁热脱模，冷却后即可食用。

烹饪秘笈

用室温鸡蛋比用冷藏鸡蛋做出来成功率高。金属模具做出来的玛德琳上色会更好。

美美·小·日子

口福不能少

图书在版编目（CIP）数据

西餐轻松做 / 萨巴蒂娜主编 . — 北京：中国轻工
业出版社，2017.11
（萨巴厨房）
ISBN 978-7-5184-1637-0

Ⅰ . ①西… Ⅱ . ①萨… Ⅲ . ①西式菜肴 – 菜谱
Ⅳ . ① TS972.188

中国版本图书馆 CIP 数据核字（2017）第 236978 号

责任编辑：高惠京　　责任终审：劳国强　　整体设计：锋尚设计
策划编辑：龙志丹　　责任校对：李　靖　　责任监印：张京华

出版发行：中国轻工业出版社（北京东长安街6号，邮编：100740）

印　　刷：北京博海升彩色印刷有限公司

经　　销：各地新华书店

版　　次：2017年11月第1版第1次印刷

开　　本：710×1000　1/16　印张：12

字　　数：200千字

书　　号：ISBN 978-7-5184-1637-0　定价：39.80元

邮购电话：010-65241695

发行电话：010-85119835　传真：85113293

网　　址：http://www.chlip.com.cn

Email：club@chlip.com.cn

如发现图书残缺请与我社邮购联系调换

161100S1X101ZBW